SEO für Anfänger

Search Engine Optimization. Praktische Strategien und Taktiken um bei Google und Co. zu ranken. Kostenloser Traffic durch eine optimale On- und Offpage Optimierung.

Digital Academy

Inhaltsverzeichnis

Was ist eigentlich SEO?

SEO ist heutzutage in aller Munde. Dabei handelt es sich um das Wunderwerk des Internetmarketings und das ist sogar so nicht ganz falsch. SEO ist ein Mittel, mit dem man die Gegebenheiten des Internets für sich ausnutzt und praktisch kostenlos Werbung macht.

Das klingt doch schon mal verlockend. Man bekommt kostenlos Werbung und das eigene Unternehmen blüht auf. Das hat aber auch einen Haken. SEO ist kein Mittel, das über Nacht Erfolge bringt. Gutes, und damit erfolgreiches SEO braucht seine Zeit.

SEO nutzt das Internet maximal aus. Dieses besteht aus einer schier unüberschaubaren, unkontrollierbaren und ständig wachsenden Menge an Informationen. Jetzt gestaltet man seinen eigenen Blog oder seine Webseite und schon ist man ein weiterer kleiner Wassertropfen in einem riesigen Ozean.

Ist der Blog oder die Webseite sofort gut besucht? Nein. Wie aber wird man nun gefunden? Wie suchen die Leute nach den Informationen, die sie finden wollen? Sie benutzen Suchmaschinen. Diese Suchmaschinen durchforsten die Informationen des Internets, und sobald man etwas Bestimmtes braucht, startet man mit ihnen einfach eine Suchanfrage.

Was aber bringt eine Suchanfrage? Sie bringt eine lange Liste an Treffern. Da die Welt des Internets kaum zu überschauen ist, bringt eine einzige Suchanfrage oftmals auch eine sehr, sehr lange Liste an möglichen Seiten, die das Gewünschte irgendwie enthalten können. Hilft das nun dem eigenen Unternehmen, wenn man Bestandteil dieser Trefferliste ist, und sich auf Seite 98 befindet? Nein, niemand wird die Trefferliste bis auf Seite 98 ansehen. Kurz: Man hat verloren. Wie aber kann man nach vorne auf die Erste oder zumindest die zweite Seite kommen?

Suchmaschinen haben ihren eigenen Algorithmus, nach denen sie die Treffer in einer Suchliste ordnen. Dieser Algorithmus bestimmt also, was auf Seite 1 angezeigt wird, was sich auf Seite 2 befindet, und immer so weiter. Das geschieht automatisch. Wer jetzt mit seinem Blog oder seiner Webseite auf der ersten Seite auftauchen will, muss wissen, welche Anforderungen dieser Algorithmus stellt, wonach er priorisiert. Anders ausgedrückt, man muss den Anforderungen des Algorithmus entsprechen, und dann befindet man sich auch schnell ganz vorn.

SEO ist eine Abkürzung für Search Engine Optimization. Das kann man am besten mit Suchmaschinenoptimierung übersetzen. Hier wird ein Blog oder eine Webseite so für die Suchmaschinen bzw. deren Algorithmus optimiert, dass sie diese Seite lieben und sie in der Trefferliste an den Anfang stellen. Ganz einfach ausgedrückt handelt es sich dabei um die Arbeit, die der Suchmaschine beweist, dass die eigene Seite kein Spam enthält bzw. verbreitet, und dass sie dem Suchenden die gewünschten Informationen liefert.

Das SEO einer Seite ist nicht wirklich schwer, wenn man sich damit erst einmal beschäftigt hat. Die Optimierung kann auf einem von zwei Wegen erfolgen. Man kann sie selbst vornehmen oder von einer Agentur vornehmen lassen.

Wer das SEO für seine Seite betreiben möchte, sollte auf jeden Fall wissen, was er tut. Dabei kann man einiges falsch machen, doch man muss sich auch nicht vor möglichen Fehlern fürchten. Sobald man seine Erfahrungen gemacht hat, kann man die Seite bzw. deren SEO ständig verbessern und so langsam seine Position in der Trefferliste verbessern.

Wer SEO für seine Seite von einer Agentur durchführen lassen will, muss auch zumindest ein normales Verständnis für diese Thematik besitzen, ohne dabei ein Profi und ohne ganz unwissend zu sein. Es gibt in diesem Bereich nämlich viele schwarze Schafe, und nur wer sich mit SEO zumindest ein wenig auskennt, kann diese von den guten Agenturen unterscheiden.

Was aber ist SEO eigentlich nun? SEO ist eine Kombination aus Worten, Zitaten und Seitenaufbau bzw. -formatierung. Alles zusammen muss zeigen, dass es hier etwas Interessantes, einen Mehrwert für die Leute gibt, und dass dieser Mehrwert auch akzeptiert wird. Dazu gibt es einige kleine Richtlinien, die wir in den folgenden Kapiteln dann genauer anschauen werden. Hier gibt es auch eine kleine Zusammenstellung, damit man schon mal einen kleinen Überblick gewinnen kann.

SEO beginnt mit den Keywords. Diese Worte sind ein Hinweis auf den Inhalt der eigenen Seite und sie sind die Worte, mit denen jemand am wahrscheinlichsten nach den Informationen, die man selbst bietet, sucht. Es geht also darum, den Inhalt der eigenen Seite mit diesen Keywords auszudrücken, und diese sollten gleichzeitig oft benutzt werden. Es macht jedoch keinen Sinn, Keywords zu verwenden, die zwar den Inhalt ausdrücken, aber nicht geläufig sind bzw. kaum benutzt werden. Dann wird nämlich kaum einer die eigene Seite finden. Außerdem macht es keinen Sinn, Keywords zu verwenden, die zwar oft benutzt werden, aber nicht dem Inhalt der Seite entsprechen. Dann werden zwar viele Besucher kommen, doch sie werden die Seite schnell wieder enttäuscht verlassen. Google und Co erkennen dies und das eigene Ranking in der Trefferliste wird herabgesetzt.

Als Nächstes braucht man eine gute Internetadresse, eine gute URL. Diese Adresse sollte auf jeden Fall das Hauptkeyword der Seite, also den Namen, der ihrem Inhalt entspricht, enthalten. Wilde Zahlen oder Wortkombinationen dagegen sind zu vermeiden, denn sie verwirren nur, und auch das erkennen die Suchmaschinen, wofür sie erneut das Ranking herabsetzen würden.

Die Seite braucht einen Titel. Diesen Titel kann man dann oben in dem jeweiligen Tab seines Browsers sehen. Auch dieser Titel wird von den

Suchmaschinen genutzt, um den Inhalt zu verstehen und das Ranking zu kalkulieren. Dieser Titel sollte also auch wieder den Inhalt der Seite bzw. Unterseite wiederspiegeln und einfach zu verstehen sein.

Auf den Seiten wiederum befindet sich Text. Diesen Text sollte man deutlich mit Überschriften unterteilen und diese Überschriften entsprechend kenntlich machen. Dies kann man zum Beispiel über den Text selbst machen, den man in Word erstellt hat. Dort kann man in dem Hauptmenü für die Überschriften H1 oder Heading 1 für die Hauptüberschrift und dann H2, H3 und so weiter für die Ebenen darunter verwenden. Wichtig ist, dass man nicht vergisst, dass es sich hier um Ebenen handelt. Die Hauptüberschrift ist H1. Wenn man dann drei weitere Überschriften darunter verwenden möchte, die aber alle auf der gleichen Ebene stehen, also als Punkte gleichwertig sind, dann verwendet man dreimal H2.

Die Überschriften sollten wiederum Keywords enthalten, die auf den Inhalt des jeweiligen Punktes schließen lassen. Hier sind zwei Dinge zu beachten. Die Keywords gehören am besten in die Überschriften, doch es sollten nicht zu viele davon sein. Wer die gleichen Keywords zu oft benutzt, wird als Werbeeinblendung angesehen und dann von den Suchmaschinen nach hinten verbannt.

Weiterhin braucht man für jeden Text, den man auf seine Seite stellt, einen Meta Title und eine Meta Description. Der Meta Title ist die Hauptüberschrift, mit der die Suchmaschine zuerst versucht, die Seite zu finden. Die Meta Description ist die kurze Beschreibung des Seiteninhalts, die man in der Trefferliste angezeigt bekommt. Sie ist wichtig im Hinblick auf die Keywords und ihre Überzeugungskraft auf einen Menschen. Mit den Keywords kommt die Seite in der Trefferliste nach vorn, und mit der Überzeugungskraft wird der Nutzer dazu bewegt, auch wirklich den Link zur eigenen Seite anzuklicken.

Dann braucht die Seite auch noch einen spannenden Inhalt. Wie spannend eine Seite ist, entscheidet sich auch danach, ob sie viele verschiedene Arten von Inhalten zeigt. Dazu gehören natürlich Texte, aber auch Bilder, Videos, Listen, Umfragen, Podcasts und was man sich sonst noch ausdenken kann. Natürlich muss man jetzt nicht auf Teufel komm raus mit Videos arbeiten, sondern diese nur dort verwenden, wo es Sinn macht. Anders ausgedrückt, je mehr verschiedene Arten von Inhalten vorliegen, desto besser, doch die Inhalte müssen Sinn machen. Wer also auf seiner Seite keine Verwendung für Podcasts hat, sollte auch nicht versuchen, sie nur um ihrer selbst willen irgendwie einzubringen.

Und dann sind da noch die eigentlichen Texte. Diese können leicht von den Suchmaschinen gelesen werden und sind damit eines der wichtigsten Werkzeuge des SEO. Texte sollten lang sein, je länger, desto besser. Sie müssen Keywords enthalten, ohne jedoch den Leser damit zu erschlagen. Sie müssen interessant sein, damit die Besucher möglichst lange auf dem Text verweilen. Sie müssen aufgelockert sein, zum Beispiel durch Zwischenüberschriften, Aufzählungen, eigenen Boxen für Hinweise oder Tipps und Ähnliches.

Damit ist es aber leider auch noch nicht getan. Jetzt möchten die Suchmaschinen nämlich auch erkennen, wie genau die Seite mit ihren Unterseiten aufgebaut ist. Dazu braucht sie eine gute und vor allem übersichtliche Navigation mit einfachen und verständlichen Menüs. Dies wird noch dadurch verstärkt, indem die Seiten miteinander verlinkt werden. Wenn also ein Text zu einem Thema etwas aussagt, das auch einem anderen Text entspricht, dann verlinkt man beide. Wenn ein Text etwas enthält, was man dann auf einem eignen Onlineshop auf der gleichen Seite verkauft, verlinkt man es. Es ist nicht gut, Sachen zu verlinken, die nichts miteinander zu tun haben, aber wo immer es Sinn macht, sollte ein Link zu finden sein.

Noch besser ist es, wenn man die Tools von Google benutzt, um eine Sitemap zu erstellen. Dann können gleich mehrere Unterseiten angeboten werden, was den Besucher dann direkt dahin bringt, wo er sein möchte.

Mobile friendly wird heute immer wichtiger. Viele Leute benutzen ihre Smartphones und Tablets, um im Internet zu stöbern. Es macht sich nicht gut, wenn dann eine Seite sehr klein ist. Besser ist es, sie passt sich dem Gerät an. Auch das wird von den Suchmaschinen bemerkt und entsprechend belohnt.

Und jetzt kommt der Beweis. Man muss den Suchmaschinen wirklich beweisen, wie gut man ist. Wie das geht? Indem andere die eigene Seite zitieren. Dies geschieht über einen Link zur eigenen Seite. Das wird als Offpage-SEO bezeichnet und jeder Link, den eine andere Seite zur eigenen Seite erstellt, bringt das eigene Ranking nach oben.

Das klingt jetzt schon richtig viel. Es ist jedoch einfacher, als es aussieht, denn all diese Dinge kann man langsam, Stück für Stück und nach und nach angehen. In den nächsten Kapiteln gibt es genauere Informationen, was man für ein gutes SEO braucht und auch darüber, ob es überhaupt sinnvoll ist.

SEO – macht es Sinn?

SEO kostet Zeit. SEO ist eigentlich kostenlos, doch in Wahrheit kostet es doch etwas. Da ist die Frage berechtigt, ob es sich überhaupt lohnt bzw. wie man es lohnend gestalten kann.

SEO kostet Zeit. Wer es betreiben will, muss sich erstens mit der Materie befassen, um sie zu verstehen. Dann müssen die verschiedenen Schritte geplant werden und natürlich bedürfen sie der Ausführung. Am Ende ist es eine Frage der Abwägung. Je mehr man selber macht, desto weniger muss man jemand anderem dafür bezahlen. Je mehr man aber an jemand anderem abgibt, desto weniger muss man seine eigene Zeit darauf verwenden.

SEO ist kostenlos, denn man bezahlt weder Google noch einer anderen Suchmaschine etwas für ein gutes Ranking. Dieses kommt vielmehr von selbst. Es ergibt sich aus der Qualität der eigenen Seite verbunden mit den Anforderungen der Suchmaschinen. Dennoch kostet SEO etwas.

SEO verlangt, dass man eine Seite mit einer hohen Qualität besitzt. Diese Qualität wiederum verlangt, dass man entweder selbst die Fähigkeiten hat, eine solche Seite zu erstellen oder jemand dafür bezahlt, dies zu tun.

SEO verlangt nach guten Inhalten. Auch hier kann man wieder diese Inhalte selbst erstellen, so man die entsprechenden Fähigkeiten und die Zeit dazu hat, oder jemand anderem damit beauftragen.

Wer ein eigenes Unternehmen zu führen hat, wird schnell feststellen, dass dies einen großen Teil der eigenen Zeit beansprucht. Man hat also nicht die Zeit, die das SEO braucht. Man wird also jemand dafür bezahlen, damit man selbst anderweitig in seinem Unternehmen tätig sein kann und damit Geld verdient. Die Abwägung ist dann ganz einfach so, dass es sich lohnt, jemandem 10 € die Stunde für SEO zu zahlen und dann selbst mit seinem Unternehmen 100 € die Stunde zu verdienen. Kurz, SEO kostet doch Geld, wenn auch nicht auf den Suchmaschinen selbst.

Wenn man also Zeit bzw. wahlweise Geld investiert, dann muss sich das Ganze auch rentieren. Das geschieht immer dann, wenn SEO Traffic generiert, doch das allein ist nicht ausreichend. Der Traffic muss eine hohe Qualität aufweisen und, falls man zum Beispiel einen Onlineshop hat, zu Conversions führen. So, das klingt jetzt ein wenig kompliziert, doch es wird gleich sehr viel verständlicher werden.

Traffic, das bedeutet, dass man Besucher bekommt. Je mehr Traffic, desto mehr Besucher kommen auf die eigene Seite. Diese kann man jedoch in guten und schlechten Traffic unterteilen.

Guter Traffic bezeichnet Besucher, die auf der eigenen Seite sind und dort sein wollen. Sie sehen sich um, klicken Links an und vielleicht schreiben sie sogar selbst etwas, zum Beispiel einen Kommentar.

Schlechter Traffic bezeichnet Besucher, die nicht auf der eigenen Seite sein wollen. Sie haben entweder aus Versehen die falschen Keywords für ihre Suchanfrage benutzt oder man selbst hat die falschen Keywords in die eigene Seite eingebaut.

Google und Co wissen, woher der Traffic kommt, also von welchen Seiten aus, wie lange potenzielle Kunden auf der eigenen Seite verweilten und wo sie abgesprungen sind. Wenn also ein guter Traffic vorliegt und die Leute lange auf der eigenen Seite verweilen, dann geht das Ranking nach oben. Wenn es sich aber um schlechten Traffic handelt, die Leute also schnell die eigenen Seiten wieder verlassen, dann sinkt man auch im Ranking der Suchmaschinen.

Ein guter Traffic beginnt mit einem Suchbegriff, einem Keyword, dass ein hohes Suchvolumen aufweist. Das bedeutet, dieses Keyword wird oft und gern benutzt. Es ist kurz, es ist korrekt und es hat eine spezielle Bedeutung.

Ein schlechter Traffic beginnt mit einem Suchbegriff, der oft benutzt wird, also ebenfalls ein hohes Suchvolumen aufweist, dessen Bedeutung aber zu generell ist oder der einfach keine Verbindung zur eigenen Seite aufweist.

Es reicht aber oftmals nicht, nur einen guten Traffic zu generieren, denn dieser hilft nur innerhalb der Parameter der Suchmaschinen. Was dem Unternehmen hilft, das sind Conversions. Eine Conversion tritt, laienhaft gesprochen, dann auf, wenn ein Besucher in einen Kunden umgewandelt wird. Das ist aber wirklich sehr vereinfacht gesagt.

Bei einem Onlineshop ist eine Conversion dann gegeben, wenn ein Besucher auch eine Bestellung aufgibt, und diese wie gewünscht bezahlt. Eine Conversion kann aber auch mehr als das sein. So ist zum Beispiel eine Conversion in einem großen Unternehmen, wenn ein Besucher eine bestimmte Anfrage im Unternehmen ausführt, einen Download vornimmt oder sich einfach mit dem Unternehmen in Verbindung setzt.

Conversions, das ist es, worauf es dem Unternehmen ankommt und was das SEO sinnvoll macht. Um zu einer Conversion zu gelangen, muss man jedoch in mehreren Schritten vorgehen. Der erste Schritt ist es, die eigene Präsenz im Internet so interessant wie möglich für die Suchmaschinen zu gestalten, damit sie gefunden werden kann.

Der zweite Schritt ist es jedoch, den Traffic auf die eigene Seite zu bekommen. Das bedeutet, die Nutzer von Google und Co zu animieren, auch wirklich auf der eigenen Seite zu verweilen.

Der dritte Schritt ist es dann, die Besucher der Seite für die Seite zu interessieren und damit zugleich ein Interesse für das eigene Angebot hervorzurufen bzw. es zu verstärken. Dann, im vierten Schritt, dann geht es um die Conversion, den Verkauf oder die Kontaktaufnahme.

SEO ist also kein Mittel im luftleeren Raum. Es ist nichts, das man für sich selbst betreibt. SEO ist Bestandteil eines sogenannten Verkaufstrichters, in welchem man die Nutzer von Google zu Kunden des eigenen Unternehmens macht.

SEO ist nur dann sinnvoll, wenn man diesem Ziel folgt. Es handelt sich dabei um ein langfristiges Unterfangen. Dementsprechend wird man die Erfolge erst später sehen. Man muss also durchhalten, bis sie sich manifestieren.

Mit der Zeit wird die Erfahrung immer weiter zunehmen. Dann wird man auch in der Lage sein, die Suchmaschinenoptimierung selbst zu optimieren. Die eigenen Inhalte werden besser und ebenso das Ranking. Man wird immer mehr Nutzer erreichen und die Qualität des Traffics wird zunehmen, bis er zu genug Conversions führt.

Um zur originalen Frage zurückzukommen: Macht SEO Sinn? Die Antwort ist: Ja, wenn …. SEO macht Sinn, wenn es guten Traffic generiert. Dazu müssen die Keywords auf jeden Fall die Inhalte der Seite repräsentieren und sie müssen auch tatsächlich von den Leuten benutzt werden.

SEO macht Sinn, wenn die URL, die als Link in der Trefferliste auftaucht, der Meta Title und die Meta Description dem Inhalt der Seite entsprechen und sie so darstellen, dass sich ein Besuch lohnt. Sie müssen also den Benutzter von Google und Co verführen.

SEO macht Sinn, wenn die Benutzer, die auf die eigene Seite gelangen, auf dieser auch sein wollen. Das ist immer dann der Fall, wenn ihre Suche und das Ergebnis, also die eigene Seite als Treffer, auch übereinstimmen.

Schlussendlich macht SEO dann Sinn, wenn das Unternehmen damit einen Erfolg erreicht, also eine Conversion eintritt. Dann hat sich der Aufwand bzw. die Investition gelohnt. Dazu muss die Seite so gestaltet sein, dass sie zuerst Google und Co und dann die angezogenen Nutzer überzeugen kann. Wer seine Seite nur für die Nutzer gestaltet, wird gar nicht erst gesehen. Wer sie nur für die Suchmaschinen aufbaut, der wird damit keine Conversion, also keinen Sinn, erreichen. Dann war der Aufwand umsonst.

SEO ist also nur ein Mittel bzw. ein Schritt auf den Weg zum Erfolg des Unternehmens. Dementsprechend muss es diesem Erfolg untergeordnet sein und auf dessen Eintreten hinwirken. Wann immer man sich nun fragt, worauf es genau ankommt, kann man gleich sagen: auf die Qualität. Es ist besser, eine kleine Seite mit guten Texten als eine große Seite mit vielen schlechten Texten zu haben. Es ist besser, nur wenige Besucher anzulocken, die sich dann aber lange auf der Seite umschauen, als viele Besucher, die gleich wieder abspringen. Es ist besser, einen Kunden, der tatsächlich einen Kauf vornimmt, anzulocken, also Hunderte Nutzer, die niemals etwas kaufen. Darum muss man die Zeit des Lernens und der Erfahrung immer darauf verwenden, seine Qualität und nicht die Quantität zu steigern.

Was bringt SEO?

Als Unternehmer hat man die Wahl. Das Ziel ist klar, man braucht Kunden oder Klienten, also jemanden, der für die eigenen Produkte oder Dienstleistungen bezahlt. Der Weg dorthin ist jedoch nicht so eindeutig. Es gibt das Marketing, es gibt Affiliates, es gibt die Anzeigen in den Zeitungen und auch bei Google, was also bringt das SEO? Was sind die Vorteile und was sind die Nachteile? Lohnt sich SEO auch bei kleineren und mittelständischen Unternehmen? Warum sollte man überhaupt darum bestrebt sein, bei den Suchmaschinen auf Platz 1 zu stehen?

SEO ist eine Kunst, die man erlernen kann und die ihre eigenen Vor- und Nachteile mit sich bringt. Darum lohnt es sich tatsächlich, sie mit den bezahlten Anzeigen zu vergleichen, um zu sehen, ob es sich wirklich lohnt, Zeit und Geld in sie zu investieren.

Die Suchmaschinenoptimierung ist zwei Dinge in einem, sie ist ein langatmiger Prozess und sie ist zugleich nachhaltig. Es dauert eine Zeit, bis man seine Position damit verbessert hat. Wenn man es dann aber auf die erste Seite der Trefferliste geschafft hat, wird man dort nicht so einfach wieder verschwinden. Das bedeutet jetzt nicht, dass man sich dort immer halten wird, doch man hat sich gegenüber der Konkurrenz durchgesetzt und kann, wenn man am Ball bleibt, auch immer zumindest auf der ersten Seite bleiben.

Um nicht wieder zu verschwinden, muss man dann weiterhin regelmäßig neue Inhalte auf seiner Seite veröffentlichen. Gleichzeitig muss man die alten Inhalte pflegen und auf dem neuesten Stand halten und die neuen sowie alten Inhalte, gemäß der SEO-Regeln gestalten. Da sich diese hin und wieder ändern, kann man sich also nie einfach nur zurücklehnen. Es gibt immer was zu verbessern.

Neben den Inhalten muss man auch seine Software ständig updaten und für neue externe und interne Links sorgen. Gut ist es auch, wenn man in den sozialen Netzwerken aktiv ist. Das Wichtigste ist jedoch, dass eine gute Platzierung in der Trefferliste für Vertrauen bei den Nutzern sorgt.

SEO kann man durchaus mit PR vergleichen. Jeder kennt Marketing und keiner glaubt, was dort berichtet wird. Warum nicht? Weil die Unternehmen dafür zahlen, um sich in einem guten Licht darzustellen. PR dagegen wirkt subtiler und benutzt die Vertrauenswürdigkeit Dritter. Das Gleiche geschieht hier. Einer Anzeige wird nicht vertraut. Dem Google-Suchergebnis dagegen glauben die Leute. Wer auf den ersten drei Plätzen steht, muss einfach gut sein. Dass die eigene Internetseite dabei nur Marketing ist, wird nicht erkannt. Es geht einfach nur um die Bewertung von Google, die sich in dem Ranking niederschlägt. Damit ist man schon im Unterbewusstsein der Nutzer angekommen. Mit diesem Vertrauen ausgestattet, ist es wahrscheinlicher, dass ein Besucher auf der eigenen Seite zu einem Kunden bzw. Klienten wird.

SEO hat aber auch Nachteile und die wollen wir hier nicht verschweigen. Der Hauptnachteil ist, dass es Zeit braucht, und das gilt gleich doppelt. SEO hängt von einer guten Programmierung der Webseite mit einem ordentlichen Design und vernünftigen Inhalten, die einen Mehrwert für die Besucher bieten, ab. All das kostet Zeit und oft genug auch Geld. Gleichzeitig bringt SEO keine Ergebnisse von heute auf morgen. Man muss seine Seite ständig verbessern, verlinken, auf dem neuesten Stand halten und sie so langsam stärken und älter werden lassen, bis sie ein vernünftiges Ranking bekommt. Das ist mitunter frustrierend. Dazu muss man mit vielen anderen Seitenbetreibern kommunizieren, um Links auszutauschen, Gastbeiträge schreiben, sich in Blogs und Foren bekannt machen. Dabei darf man es nie untertreiben, damit sich eine Wirkung erst entfalten kann, und nie übertreiben, damit Google das nicht als Werbung oder Manipulationsversuch ansieht und die eigene Seite mit einem schlechten Ranking bestraft.

SEO hat aber noch einige andere Effekte, als ein bloßes Google-Ranking. Die Leute werden aufgrund der externen Links, der Blog- und Forenbeiträge auf die eigene Seite aufmerksam. Schon bevor man es auf Seite 1 von Google und Co gebracht hat, wird man so seinen Traffic erhöhen können und langsam bekannt werden. Gleichzeitig bemüht man sich, ordentliche Inhalte mit einem Mehrwert zu bekommen. Die Leute werden die eigene Seite also weiterempfehlen, was zugleich auch die Glaubwürdigkeit steigert. Man erlebt also mit dem SEO, wie man einen guten Internetauftritt mit einer hohen Bekanntheit schafft, und das schon vor Google.

Im Bereich der kleinen Unternehmen ist SEO sehr effektiv. Das liegt vor allem an der Konkurrenz. Die meisten kleinen und mittelständischen Unternehmen befinden sich im Familienbesitz und sind noch nicht im Zeitalter der Suchmaschinen angekommen. Ohne Konkurrenz kann man jedoch mit dem eigenen SEO schon einiges erreichen und das auch noch schnell. Dann hat man einen Vorsprung, selbst wenn die anderen Unternehmen aus ihrem Schlaf aufwachen und auf den Zug des SEO aufspringen.

Beim SEO kommt es auf die ersten Plätze in den Suchmaschinen an. Das hat seine Ursache in dem Verhalten der Internetnutzer. Diese haben eine große Auswahl und anstatt mit Geduld, gehen sie mit Strenge an ihre Recherche. Das bedeutet, sie sind nicht gewillt, eine Seite lange anzuschauen, um herauszufinden, ob sie das Gesuchte enthält. Sie suchen nur noch kurz und verweilen da, wo sie die gewünschten Antworten finden. Diese gibt es aber weit überwiegend in den ersten Links, die auf der Trefferliste angezeigt werden. Daher bekommt die Nummer 1 in der Liste durchschnittlich 20 % der Klicks, die Nummer 2 dann nur noch 10 % und die Nummer 3 ganze 7 %. Danach fällt der Wert so weit ab, dass er nicht mehr der Rede wert ist. Kurz gesagt, wer am Anfang steht, bekommt alles und wer danach kommt, geht leer aus.

SEO macht also im Bereich kleiner und mittelständischer Unternehmen Sinn. Das gilt auch besonders daher, dass man die Ressourcen, die man für das Marketing einsetzt, auch gleich noch für das SEO benutzen kann. Die gleichen Autoren, die die Marketingtexte schreiben, können auch die anderen Inhalte der Seite kreieren. Die Programmierer müssen ohnehin eine gute Seite erstellen und alles andere, was gutes SEO ausmacht, braucht man auch, um die Nutzer auf die Seite und dann zu einem Kauf zu bewegen. Kurz, SEO bringt etwas und sollte in jedem Fall betrieben werden.

Die Suchmaschinen

Suchmaschinen sind unser Werkzeug, um uns im Internet zurechtzufinden. Ohne sie hätten wir keine Chance, jemals das zu finden, was wir eigentlich finden wollen. Das ist auch nicht verwunderlich, denn es befinden sich sehr viel mehr Webseiten online, als es Menschen auf der Welt gibt. Auf jeden der sieben Milliarden Bewohner unseres Planeten kommen mehr als 10 Webseiten. Das ist eine unvorstellbare Anzahl, und das ist nur eine Schätzung, denn neben den registrierten Seiten gibt es Unmengen weiterer Seiten, die es nicht einmal geschafft haben, bei einer Suchmaschine registriert zu sein.

Suchmaschinen helfen nun, diese wahnwitzigen Datenmengen überschaubar zu halten. Dabei brauchen sie scheinbar nicht einmal lange. Wenn man eine Suchanfrage eingibt, bekommt man eine Trefferliste. Diese enthält auch die genaue Anzahl der Ergebnisse, zum Beispiel 100.000, und die Dauer, die die Anfrage gebraucht hat, um diese Ergebnisse zu generieren, zum Beispiel 0,43 Sekunden. Da fragt man sich doch, wie die Suchmaschinen eine derartige Datenmenge in einer so kurzen Zeit durchsuchen können. Die Antwort ist einfach. Die Suchmaschinen erstellen einen Index mit einer Bewertung. Anstatt also im Moment der Suchanfrage tatsächlich das Internet zu durchsuchen, überprüfen sie nur das, was sie in ihrem Index gespeichert haben. Das ist auch ein Grund, warum die Ergebnisse eines SEO so lange auf sich warten lassen. Sie müssen erst von den Suchmaschinen erkannt und dann entsprechend in ihrem Index aufgenommen bzw. in dem bestehenden Eintrag im Index geändert oder eingefügt werden.

Die Suchmaschinen mit ihrem Index sind aber nicht nur die Helfer der Nutzer, die etwas finden wollen. Sie sind auch zugleich die Meister über das Schicksal der Internetseiten. Geben sie ihnen eine gute Position in der Trefferliste, dann bekommt die Seite eine Menge Traffic und damit auch viele potenzielle Conversions. Geben sie ihnen jedoch eine schlechte Position weit hinten, dann wird kaum jemand die Seite finden, geschweige denn aufsuchen. Was macht die Suchmaschinen nun genau zu diesem Richter über die Webseiten?

Die Macht der Suchmaschinen entspringt zuerst ihrem eigenen Anteil am Markt. Je mehr Nutzer eine Suchmaschine benutzen, desto mehr Macht hat diese darüber, welche Seiten erfolgreich werden und welche nicht. In Deutschland zum Beispiel liegt das Machtzentrum eindeutig bei Google, denn 90 % der Suchanfragen werden in dieser Suchmaschine gestellt. Andere Länder haben einen anderen Anteil der verschiedenen Suchmaschinen.

Die Macht der Suchmaschinen folgt aber auch der statistischen Nutzung. In einer Trefferliste klicken 20 % der Nutzer auf das erste Ergebnis und nur noch 10 % auf das Zweite und von da an geht es steil bergab. Auf die zweite Seite einer Trefferliste schaut nur noch ein verschwindend kleiner Teil.

Anders ausgedrückt, die Macht kommt von den Nutzern, die sich für eine Suchmaschine entscheiden und dann innerhalb dieser Suchmaschine nur auf die ersten Treffer für eine Suchanfrage schauen. Sie geben ihnen die Macht, denn, nur wer auf Seite 1 landet, hat eine echte Chance, ausreichend Traffic auf seine eigene Internetpräsenz zu bekommen. Das erklärt auch das Bestreben der Unternehmen, mit ihrem SEO auf der ersten Seite und besser noch, als der erste Link angezeigt zu werden.

Die verschiedenen Suchmaschinen schicken sogenannte Spider als automatische Suchprogramme in das Internet, um ständig nach neuen Seiten Ausschau zu halten bzw. die schon gespeicherten Seiten auf dem neuesten Stand zu halten. Die genaue Vorgehensweise unterscheidet sich jedoch etwas und man kann drei Haupttypen von Suchmaschinen unterscheiden.

Der erste Typ ist die sogenannte indexbasierte Suchmaschine. Ein sehr bekannter Vertreter dieser Art ist Google. Diese Suchmaschinen verwenden ein mathematisches System, um die Seiten zu bewerten. Dazu gehören auch Spracherkennungsprogramme, die Algorithmen, die für die Berechnung der Qualität wichtigen Daten, zur Verfügung stellen. Je nachdem, welche Qualität der Algorithmus einer Seite zuordnet, wird diese eher am Anfang, in der Mitte oder am Ende einer Suchliste angezeigt.

Der zweite Typ ist die indexbasierte redaktionelle Suchmaschine. Auch hier hat die Suchmaschine selbst einen Index, aus dem sie die Trefferliste für eine Suchanfrage zusammenstellt. Die Seiten jedoch, die auf diesen Index kommen, werden nicht von einem Algorithmus, sondern von Menschen auf ihre Qualität hin bewertet. Dafür ist der Index dann aber auch kleiner und die Trefferlisten sind dementsprechend kurz. Ein Beispiel für eine derartige Suchmaschine ist ODP, das Open Directory Project.

Der dritte Typ sind die Metasuchmaschinen. Diese Suchmaschinen haben keinen eigenen Index. Wird auf ihnen eine Suchanfrage gestellt, leiten sie diese an verschiedene andere Suchmaschinen weiter. Die Qualität der Seite und damit dessen Ranking innerhalb der Trefferliste berechnen sie aus der Anzahl der Treffer, die die jeweilige Seite in den anderen Listen erhält.

SEO muss, um ein gutes Ergebnis zu bringen, den Anforderungen der Suchmaschinen entsprechen. Die am meisten genutzte Suchmaschine in Deutschland ist Google. Daher richtet sich SEO meistens nach dem Algorithmus dieser Suchmaschine. Andere Suchmaschinen, die die Qualität einer Webseite automatisch erfassen, folgen ähnlichen Systemen. Wer es also Google recht macht, findet sich bei allen weit vorn wieder. Gleichsam haben die indexbasierten Suchmaschinen gegenüber den indexbasierten redaktionellen Suchmaschinen die Nase vorn. Am Ende lässt sich auch noch feststellen, dass, wer eine gute Seite aufbaut, den indexbasierten redaktionellen Suchmaschinen sowieso gefallen dürfte.

Indexbasierte Suchmaschinen, also solche, die die Qualität einer Seite automatisch feststellen, haben sich im Laufe der Zeit erheblich fortentwickelt. Alles begann mit der einfachen Annahme, dass eine Webseite, auf die viele Links von anderen Seiten verweisen, einfach gut sein muss. Solche Seiten kamen dann auf die vordersten Plätze. Sobald die Nutzer dies aber erkannten, begannen sie, das System zu manipulieren. Es entstanden regelrechte Linkfarmen, die nur dazu da waren, eine Seite so oft wie möglich, zu verlinken. Um solchen Manipulationen den Hahn abzudrehen, wurden die Algorithmen immer komplizierter. Sobald jedoch eine Anpassung der Algorithmen geschehen war, gab es neue Versuche, diese zu manipulieren. Daraus entwickelte sich ein langer Wettlauf, der bei dem heutigen Stand des SEO gelandet ist.

Heute schauen sich die Suchmaschinen viele Werte an, um festzustellen, wie gut die Seite ist. So ist zum Beispiel eine Seite besser bewertet, je älter sie ist. Die Idee ist ganz einfach. Eine Seite, die sich so lange halten konnte, muss einfach gut sein. Dazu kommen Markenbewusstsein, Konsumentenbedürfnisse und viele andere Dinge mehr. Natürlich wird auch immer ein Geheimnis daraus gemacht, worauf die Suchmaschinen genau achten. Aus dem Ganzen ergeben sich dann Formeln, die ihresgleichen suchen.

Eine unbeabsichtigte Folge dieser Entwicklung ist auch der Wandel der Suchmaschinen bzw. der Bedeutung der Trefferliste. Am Anfang ging es nur um eine Beschreibung der Webseiten. Heute handelt es sich mehr denn je um eine Bewertung. Die Suchmaschinen wurden zu einem Richter.

Heute ist SEO eine nicht nur wichtige Disziplin, um sein Geschäft zu fördern, es ist vor allem eine notwendige Disziplin, um nicht weit abgeschlagen zurückzubleiben. Das bringt es auch, dass sich die Webseiten immer mehr nach dem SEO als nach anderen Kriterien richten.

Die Suchmaschinen haben sich ebenfalls geändert. Ging es am Anfang nur um das zur Verfügung stellen von Informationen, verzerren heute Google und Co den Wettbewerb. Das geht so weit, dass einige darin bereits eine besorgniserregende Einschränkung der Meinungs- und Wahlfreiheit im Internet sehen. Das bringt die Suchmaschinen, allen voran Google, unter einen starken Beschuss. Ihnen wird vorgeworfen, dass sie die Großen immer größer machen, während die Kleinen und die Neuen auf dem Markt einfach keine Chance mehr haben.

Das bringt es aber auch für das eigene Unternehmen mit sich, dass man ohne ein vernünftiges SEO einfach zu nichts mehr kommt. Es gibt zwar auch eine Möglichkeit, auf den Erfolg in anderen Suchmaschinen zu hoffen, doch ist deren Marktanteil so gering, dass ein Erfolg dort kaum ins Gewicht fällt.

Ein anderes Problem mit Google und Co ist, dass Google selbst sehr stark und das Co kaum vorhanden ist. Es gibt tatsächlich nur sehr wenige Alternativen zu Google, die sich behaupten konnten. Zwei Vertreter sind Bing und DuckDuckGo. Doch auch zusammengenommen liegt ihr Marktanteil in Deutschland noch immer deutlich unterhalb von 10 %.

Hierzulande kommt man also um Google nicht herum. Darum muss man sich mit dem Algorithmus dieses Marktriesen vertraut machen und seine Webseite so gut es geht auf diesen hin ausrichten. Dann kann man mit ein wenig Zeit, ein wenig Geld und viel Mühe den Großen Konkurrenz machen.

Die Keywords

Wir haben es hier schon erwähnt, SEO hat was mit Schlüsselworten, den Keywords, zu tun. Das bedeutet, dass in dem ganzen Unterfangen des SEO die Worte vorkommen müssen, die zum Inhalt der eigenen Seite passen, und die von den Nutzern der Suchmaschinen am wahrscheinlichsten benutzt werden, um eben diese Inhalte zu finden. Da stellt sich doch sofort die Frage, wie man diese Keywords finden soll.

Am Anfang einer Recherche der Keywords stehen ein paar Punkte, die für die Suche nach den Keywords die Richtung vorgeben. Alles beginnt damit, was die Internetbenutzer suchen. Dies scheint ein eher unlogischer Punkt, doch er ist gerechtfertigt. Wer zum Beispiel einen Onlineshop hat, dort Handtaschen verkaufen will, damit Kunden anziehen möchte, und sich diese Frage stellt, muss vor allem herausfinden, was er auf seinem Onlineshop hat, was die Nutzer suchen. Sind es einfach nur die Handtaschen, die sie suchen? Sind es bestimmte Handtaschen? Ist es ein bestimmtes Modell, eine bestimmte Marke oder eine bestimmte Farbe?

Als Nächstes geht es um den Punkt, wie die Internetbenutzer danach suchen. Natürlich scheint die Antwort so einfach: „Na über eine Suchanfrage bei Google." Okay, aber was werden sie eingeben? Geben sie das Wort „Handtasche" ein? Geben sie die Wörter „Handtasche bestellen" ein? Geben sie vielleicht den Namen einer Marke ein?

Hat man sich nun so langsam einen Weg zu den Keywords gefunden und bereits eine kleine Liste erstellt, dann ist man aber noch lange nicht am Ziel. Jetzt ist es wichtig, welche dieser Keywords man eigentlich verwenden möchte. Dazu muss man herausfinden, wie oft bestimmte Keywords benutzt werden. Danach, bis hierhin jedenfalls, sollte man die Keywords verwenden, die auch die Nutzer am meisten eingeben.

Dann muss man überprüfen, wie stark der Konkurrenzkampf um bestimmte Keywords ist. Wenn man mit einer neuen Seite anfängt und sich auf Keywords stürzt, die schon viele andere verwenden, werden die auch vor einem selbst in der Trefferliste angezeigt. Hier sollte man sich also für die Keywords entscheiden, die die Konkurrenz eher nicht benutzt.

Danach muss man noch seine eigene Zielgruppe bestimmen und die Keywords auswählen, die gerade für sie interessant ist. Wenn es also Handtaschen für jüngere Damen sind, die wir in unserem Beispiel anbieten, dann brauchen wir ein anderes Vokabular als für Handtaschen für ältere Damen.

Am Ende muss man einen Kompromiss eingehen, indem man sich für die Keywords entscheidet, die am meisten genutzt werden, die kleinste Konkurrenz aufweisen und der eigenen Zielgruppe entsprechen. Das ist ganz und gar kein leichtes Unterfangen, die herauszufinden.

Um den richtigen Kompromiss bzw. die richtige Gewichtung für die Kriterien der Keywords herauszufinden, muss man deswegen ein paar weitere Überlegungen anstellen. Was ist zum Beispiel wichtiger? Will man ein Keyword, das speziell ist oder ein Keyword, das mehr Traffic bringt?

Kehren wir zu unserem Onlineshop mit den Handtaschen zurück. Sehr viel mehr Leute werden den Suchbegriff „Handtaschen" verwenden, als den Suchbegriff „Handtaschen kaufen". Welcher ist jetzt besser für den Shop? Erster bringt mehr Traffic, Letzterer bringt mehr Qualität. Wem hier die Antwort nicht sofort auffällt, der kann sich einfach fragen, was denn das Ziel der eigenen Seite ist? Diese ist ein Onlineshop, damit ist das Ziel der Verkauf. Somit ist es besser, die Leute auf die eigene Seite zu bringen, die auch tatsächlich eine Handtasche kaufen wollen, als die, die sich nur umsehen und einen Eindruck verschaffen wollen. Hier wäre also dem Suchbegriff „Handtaschen kaufen", der Vorrang zu geben. Umgedreht wäre es ein Problem, wenn man mit dem Begriff „Handtaschen" viele Besucher anlockte, diese aber schon nach einigen Sekunden die Seiten wieder verließen. Google und Co würde das Ranking des Onlineshops dadurch sehr schnell herabsetzen.

Jeder kann den wichtigsten Unterschied zwischen „Handtasche" und „Handtasche kaufen" in unserem Beispiel sehen: Der Erste ist ein kurzer Begriff, und der Zweite ist länger. Je mehr Begriffe man zusammen verwendet, desto weniger Traffic erzeugt man, denn immer weniger Leute werden diesen Begriff verwenden. Umgedreht jedoch schafft man mit dem längeren Suchbegriff eine Art Auslese. Anstatt einfach jeden, zieht man nur die Besucher an, an die sich das Angebot der Webseite auch wirklich richtet. Das bringt nicht nur glückliche Besucher, das bringt vor allem Conversions, also das Ding, bei dem Besucher zu Kunden werden.

Längere Keywords bringen einen weiteren Vorteil neben der höheren Qualität der Besucher und der steigenden Anzahl der Conversions. Längere Keywords bedeuten eine kürzere Trefferliste in Google und Co, was schlichtweg weniger Konkurrenz mit sich bringt. Die Wahrscheinlichkeit, wenn man zu einem Treffer in einer guten Position wird, dass der Nutzer dann auch wirklich die eigene Seite anklickt, ist einfach statistisch weit höher. Das wiederum spart Geld und Aufwand, denn man muss sich gegenüber weniger Mitbewerbern durchsetzen.

Kommen wir hier zurück zur Frage: Wie findet man die richtigen Keywords? Eine Hilfe ist der Keyword-Planer von Google AdWords. Um diesen zu benutzen, muss man sich jedoch bei AdWords anmelden. Das ist aber kostenfrei, und man kann damit später noch mehr anstellen, so das gewünscht ist.

Der Keyword-Planer erlaubt es, das Suchvolumen, also die Menge der Suchanfragen für ein bestimmtes Keyword, herauszufinden. Außerdem kann man sich damit den Rhythmus anzeigen lassen, also in welchen Monaten die Keywords wie benutzt werden.

Der Keyword-Planer hat auch eine weitere nützliche Funktion. Man kann sich nämlich Ideen für seine Keywords anzeigen lassen. Damit kann man vor allem bei längeren Keywords sehen, ob man die Reihenfolge der Wörter richtig gewählt hat.

Diese Angaben sind aber statistische Angaben, die aufgrund vergangener Erhebungen gesammelt wurden. Sie sind also keine Garantie, dass sich ein Keyword wie gewünscht entwickelt. Dennoch bieten sie einige Informationen, mit denen man das richtige Keyword für sich bestimmen kann.

Ein anderes Tool ist Google Trends. Dieses erlaubt es, die Entwicklung von Keywords und deren regionale Benutzung herauszufinden. Das ist besonders dann interessant, wenn man sein eigenes Angebot an eine lokale Klientel richten möchte.

Es gibt aber auch Tools, die nicht von Google stammen, und bei der Auswahl der Keywords helfen. Da wäre zum Beispiel Übersuggest. Dieses Tool benutzt die Auto-Suggest-Funktion von Google und erstellt ganze Listen mit Begriffsketten, die man für längere Schlüsselwörter benutzen kann.

Eine gute Taktik ist bei der Verwendung von längeren Keywords, dass man speziell für jedes Keyword eine eigene Unterseite erstellt. So kann das Keyword „Handtaschen kaufen" auf dem besagten Onlineshop direkt zum Angebot des Shops gehen. Das Keyword „Gucci Handtaschen kaufen" dagegen landet auf der Unterseite, auf der sich nur Handtaschen von Gucci befinden.

Auch die Konkurrenz ist eine gute Quelle für Keywords. Dazu schaut man sich nur deren Webadresse, die Titel und Überschriften an, und schon bekommt man einige Ideen. Man sollte sie aber nicht eins zu eins kopieren, denn dann hat man mindestens einen Konkurrenten, der auch noch den Altersvorteil hat. Dennoch kann man sich dort inspirieren lassen.

Keywords sind das A und O eines jeden SEO-Vorhabens. Daher sollte man ruhig mehr Zeit darauf verwenden, die Richtigen herauszufinden, damit man dann auch in die richtige Richtung marschiert. Die richtige Richtung bedeutet, dass man nur guten Traffic bekommt, der zu raschen Conversions führt. Qualität geht dabei in jedem Fall vor Quantität.

Auf den Text kommt es an

Wenn man seine eigene Seite erstellt und mit SEO nach vorn bringen will, dann wissen wir bereits, wird diese Seite bewertet. Was aber wird wirklich bewertet? Weit überwiegend ist dies der Inhalt. Der Inhalt kann auf verschiedene Weisen gestaltet sein, doch es sind die geschriebenen Texte, die die Suchmaschinen lesen, und danach die gesamte Seite bewerten können. Damit sind es auch die Texte, mit denen man das Ranking am meisten beeinflussen kann.

Die Texte sind nicht nur eine gute Möglichkeit, sein Ranking zu verbessern, sie sind auch eine ordentliche Herausforderung. Das liegt daran, dass sie gleich eine doppelte Qualität aufweisen müssen. Als Erstes müssen sie den Anforderungen der Suchmaschinen entsprechen, um so für ein gutes Ranking zu sorgen, und zum Zweiten müssen sie auch den Menschen gefallen, die als Internetnutzer auf sie stoßen. Die Texte müssen sie auf der Seite halten, denn wenn die Nutzer sofort wieder von der Seite verschwinden, bemerkt Google dies, und schon geht es mit der Position nach unten.

Für einen ordentlichen SEO-Text ist ein sehr kreativer Kopf vonnöten. Er muss die mitunter recht nervigen Keywordkombinationen nicht einfach nur richtig verwenden, sondern er muss sie auch so in den Text einbauen, dass das Gesamtbild einen Sinn ergibt, und den Leser zum Weiterlesen animiert.

Ein SEO-Text ist also zum einen das Transportmittel, das die Keywords zu Google und Co bringt, es ist aber auch gleichzeitig das Informationsmittel, das einen Mehrwert für den Leser bringt. Das ist ein mitunter fast unmöglicher Spagat.

Alles in SEO beginnt mit einem Keyword und das ist bei den Texten nicht anders. Diese sollten immer auf ein einziges Keyword, einem

Hauptkeyword hin optimiert sein. Das bedeutet, das Hauptkeyword ist das eine Thema des Textes und es sollte sich in der H1-Zeile, also der Hauptüberschrift befinden. Wenn wir bei unserem Beispiel mit dem Onlineshop bleiben und eine Beschreibung für die Handtasche XY erstellen, dann ist nur diese Handtasche der Mittelpunkt des Textes und zugleich auch die Überschrift. Der nächste Text kann dann die Beschreibung der Handtasche YZ sein, doch er muss auf jeden Fall ein eigener Text und nicht Teil des anderen Textes sein.

Neben dem Hauptkeyword kann man noch weitere Keywords in einem Text unterbringen, sobald sie dem Sinn des Hauptkeywords entsprechen und nur dieses Keyword erweitern. So kann eine Beschreibung mit dem Titel „Handtasche XY" auch weiter unten im Text das Keyword „Handtasche XY kaufen" haben. Damit steigt die Qualität des Traffics, den man auf genau diese Seite bringt.

Bei der Auswahl der Keywords sollte man jedoch, wie schon dargestellt, darauf abzielen, Traffic mit einer guten Qualität zu bekommen. Außerdem sollte das Suchvolumen möglichst groß sein, doch ein kleineres Suchvolumen ist gut, wenn dadurch die Conversions steigen bzw. Konkurrenz vermieden wird.

Neben der Qualität als Transportmittel für Keywords muss der Text auch dem Leser gefällig sein. Am Anfang war das Schreiben von SEO-Texten einfach. Es gab einen Haufen Blabla und dazwischen schön eingestreut ein paar Keywords. Darauf aber schaut Google inzwischen und wo das nicht geschieht, sorgt die Absprungrate der Besucher, also derjenigen, die die Seite sofort wieder verlassen, für ein schlechtes Ranking. Der Text muss also etwas bieten.

Was macht einen guten Text für einen Menschen aus? Nun, das kann man im Grunde so zusammenfassen: Er muss interessant und leicht zu lesen sein. Ein Text ist dann interessant, wenn er einen Mehrwert bietet. Das ist immer dann der Fall, wenn er dem Leser Informationen bringt, die er nicht unbedingt überall findet. Je exklusiver, desto besser. Ein Text ist dann einfach zu lesen, wenn er kein Fachchinesisch, dafür eine ordentliche Gliederung und kurze Sätze aufzuweisen hat.

Wenn man einen SEO-Text schreiben will, muss man also neben den eigentlichen SEO-Kenntnissen auch noch ein journalistisches Talent aufweisen. Sprich, man muss ein Alleskönner sein und alles wunderbar verbinden und zusammenfassen können. Damit es ein wenig einfacher wird, haben wir es hier das Ganze hier kurz zusammengefasst:

- Man schreibe nur kurze Sätze. Alles, was zu lang, zu verschachtelt oder zu kompliziert ist, ist zu vermeiden.

- Man verwende keine Fachbegriffe oder Fremdwörter. Man muss einfach von einer unwissenden Leserschaft ausgehen und diese entsprechend bedienen.

- Dazu kommt dann noch eine klare Struktur mit Aufzählungen, Überschriften und Zwischenüberschriften. Man sollte auf jeden Fall lange und stumpfsinnige Textblöcke vermeiden.

Hinsichtlich der Keywords haben wir es schon festgestellt, dass diese vorkommen müssen, aber dafür nicht zu oft im Text vorkommen sollten. Wer sich dahin gehend unsicher ist, sollte wissen, dass die richtige Anzahl an Keywords sich aus der Gesamtsituation der Konkurrenz ergibt. Anders ausgedrückt, man nimmt diese Keywords selbst zur Hand und führt damit eine Suche durch. Dann schaut man bei der Konkurrenz, wie oft die Keywords dort vorkommen, und dann baut man sie bei sich ebenso häufig ein. Den alten, festen Wert von 3 oder 4 % gibt es leider nicht mehr. Google vergleicht die Dichte der ersten 20 Treffer. Darum tut man es Google gleich.

Für die Struktur gibt es auch noch einige Dinge zu beachten. Dies fängt mit den Überschriften, den Headings, an. Den Text formatiert man mit den Headings H1 bis H9. H1 ist die höchste Ebene, die Hauptüberschrift. Verwendet man eine weitere H1-Überschrift später, dann zeigt man damit, dass dort ein komplett neuer Text beginnt.

Der erste Unterpunkt bekommt dann das Format H2. Unter diesen kommt der Text. Ist die nächste Überschrift ein weiterer Unterpunkt der letzten Überschrift, dann bekommt sie das Format H3. Ist sie jedoch ein eigener Unterpunkt der Hauptunterschrift, dann bekommt sie das Format H2. Die Zahlen für die Headings sind also nicht ein Zählen von deren Anzahl, sondern das Markieren ihrer Ebene.

Wenn man auf die verschiedenen Ebenen bei den Headings heruntergeht, ist es wichtig, nicht einfach immer wieder die gleichen Keywords zu verwenden. Besser ist es, diese durch Synonyme auszutauschen, denn andernfalls droht ein schlechteres Ranking bei den Suchmaschinen.

Weitere Strukturmaßnahmen sind das Verwenden bestimmter Codierungen. So kann man mit Unterstreichungen, Italics oder auch mit fett gedruckten Buchstaben arbeiten. Das lockert den Text optisch auf und ist bei Google und Co gern gesehen. Aufzählungen bzw. Listen sind ebenfalls ein gutes Mittel, um den Text aufzulockern. In diese Listen gehören natürlich auch wieder die Keywords.

Lange Texte sind besser als Kurze. Sie suggerieren Gehalt für Google und sie sollten auch viel davon aufweisen, damit die Leser sie auch wirklich durchlesen. Weiterhin sollte man die Texte mit Bildern, Videos und anderen Inhalten aufhübschen.

Wichtig ist es auch, Links in den Text einzubauen, vor allem Links auf die eigenen Unterseiten. Wenn also ein Text auf eine Information verweist, die genau in einem anderen Text beleuchtet wurde, dann verlinkt man diesen als einen eingebundenen Hyperlink. Ebenso ist es auch gut, auf andere Seiten zu verweisen, die die eigene Position untermauern.

Für einen ordentlichen SEO-Text muss man also schon ein richtig guter Schreiber sein. Insbesondere muss man die Ansprüche, den Suchmaschinen und den Menschen gerecht zu werden, vereinen. Das ist mehr Arbeit und nimmt mehr Zeit in Anspruch, als einfach nur etwas zu schreiben.

Redaktionelle Texte

Redaktionelle Texte sind eine eigene Klasse. Sie stehen in ihrer Qualität weit über den einfachen Artikeln und bedürfen dafür eines größeren Aufwandes. Dafür ist ihre Aussagekraft und Bedeutung für Google jedoch höher und ergibt dadurch einen stärkeren Effekt im Bereich des SEO.

Redaktionelle Texte unterscheiden sich in der Form, wie ihre Informationen aufbereitet werden. Vor allem werden sie nicht schnell und mal eben so im Vorbeigehen geschrieben. Sie beginnen damit, dass sie auf das spezifische Interesse einer einzigen Zielgruppe abgestimmt sind. Das beinhaltet auch die Verwendung von Fachbegriffen oder Fremdwörtern, denn wer für Ärzte schreibt, darf auch gern medizinische Begriffe verwenden.

Weiterhin stützen sich redaktionelle Texte auf mehrere Quellen. Diese Quellen sind auf ihre Vertrauenswürdigkeit überprüft, ebenso wie die entnommenen Informationen. Außerdem werden die Quellen angegeben.

Redaktionelle Texte entspringen, wie es der Name schon vermuten lässt, einer Redaktion. Dementsprechend werden sie auch gleich von mehreren Leuten korrigiert. Das schließt sowohl die enthaltenen Informationen als auch die Rechtschreibung und Grammatik mit ein. Dadurch ist deren schriftstellerische Qualität weit höher als die eines normalen Textes.

Weiterhin kombinieren sie nicht nur die Informationen von mehreren Texten, sie bereiten diese auch mit anderen Informationen auf, machen sie besser lesbar bzw. bieten weitergehende Informationen. Sie zitieren also die Quellen nicht einfach nur, sie gehen über diese hinaus.

Redaktionelle Texte bekommen eine wachsende Bedeutung im Bereich des SEO. Am Anfang reichten einfach nur ein paar zusammengefügte Worte, die den sonstigen Webinhalt einer Seite ergänzen. Diese waren auf das Keyword ausgerichtet und enthielten eine statistische Keyworddichte von 3 oder 4 %. Das war es dann auch schon. Für Google und Co war es nicht wichtig, ob der Text irgendeinen sinnvollen Beitrag enthielt. Heute jedoch schauen die Suchmaschinen auch auf die Qualität des Textes in dem Sinne, wie Menschen ihn wahrnehmen.

Heute analysieren die Suchmaschinen auch die Inhalte der Texte. Schlimmer noch, die Benutzer des Internets tragen mit ihrem Verhalten zum Ranking einer Webseite bei. Dies wird über Suchanfragen, Verweildauer und Scrolling erreicht, was Google und Co alles beobachtet und festhält. Wenn also ein Besucher auf die eigene Seite kommt, dort eine bestimmte Zeitdauer verweilt und den Text scrollt, dann wird er als echter Leser registriert. Umgekehrt wird ein Besucher, der die Seite betritt und gleich wieder verlässt, automatisch, als ein enttäuschter Nutzer registriert. Dafür wird dann der Inhalt der Webseite verantwortlich gemacht und ihr Ranking geht nach unten.

Google und Co schauen also, wie lange ein Besucher auf der Seite verweilt. Hierbei wird ab einer Zeit von 90 Sekunden von einem echten Besucher ausgegangen und die Seite erhält einen positiven Punkt. Dabei werden vor allem auch lange Texte als gute Punkte bewertet, die noch durch eine lange Verweildauer verstärkt werden.

Für den SEO betreibenden Unternehmer bedeutet das, er muss den Besuchern etwas bieten, das sie auf der Seite hält. Das ist aber weniger schwer, als man denkt, denn schließlich steuert man über die Keywords, wer auf die eigene Seite gelangt. Diese muss dann einen Inhalt bieten, der dem Interesse des angesprochenen Personenkreises entspricht, das bedeutet, die Keywords müssen tatsächlich den Inhalt wiedergeben und dieser muss einen Mehrwert bieten.

Redaktionelle Texte bieten genau den informativen Mehrwert, der es für den Besucher interessant macht, auf der Seite zu verweilen, denn er will den gesamten Text lesen. Damit erreicht man die positive Verweildauer, die ein gutes Ranking bringt.

Nun kann man natürlich anführen, dass Google und Co es kaum wissen werden, ob ein Text tatsächlich ein redaktioneller Text ist. Das ist jedoch erstens irrelevant, und zweitens falsch.

Es ist irrelevant, ob Google weiß, dass es sich bei einem Text um einen redaktionellen Text handelt, denn die Menschen müssen es sehen. Sie sehen es vielleicht nicht in dem Sinne, dass sie sagen: „Oh schau mal, das ist ein redaktioneller Text!" Sie sehen es jedoch in dem Sinne, dass sie den Text tatsächlich interessant finden, ihn einfach lesen und verstehen können, denn es entspricht ihrem Kenntnisstand, weil sie die Zielgruppe sind, und der Text einfach gut gestaltet ist. Google wiederum sieht das Verhalten der Besucher und baut sein Ranking darauf auf. Dieser Punkt allein macht einen redaktionellen Text so viel wichtiger als einen einfachen Text.

Und es ist falsch, dass Google und Co dies nicht wissen. Natürlich werden auch Google und Co nicht sagen können: „Oh, schau mal, das ist ein redaktioneller Text!", dennoch können sie es an bestimmten Indizien erkennen und den Text als besser einstufen.

Das erste Indiz für Google sind die Fehler. Ähnlich der Autokorrektur von Word, so überprüft auch Google einen Text auf seine Rechtschreibung und Grammatik. Je besser diese sind bzw. je weniger Fehler es gibt, desto besser ist das Ranking. Da ein redaktioneller Text mehrfach überprüft ist, hat er einfach weniger Fehler aufzuweisen.

Google misst auch die Länge des Textes. Damit erhält die Suchmaschine einen Hinweis auf den Aufwand, der in den Text gesteckt wurde, und kann so Rückschlüsse auf dessen Informationsgehalt bzw. dessen Relevanz ziehen.

Google schaut auf die Keywords und vergleicht deren Anzahl in der gesamten Wortmenge mit der Keyworddichte in anderen, ähnlichen

Texten. Ein redaktioneller Text hat mehr Recherche zur Grundlage und ist dementsprechend besser an die allgemein übliche Keyworddichte angepasst.

Google erkennt ebenso, ob der Text Überschriften, Zwischenüberschriften, Aufzählungen oder Wörter aufweist, die fett gedruckt sind. Auch dies wird nicht einfach so im Vorbeigehen erstellt und lässt auf eine höhere Qualität schließen.

Google erkennt auch die Wörter und kann so feststellen, ob der gesamte Text dem gleichen Thema folgt oder einfach nur eine Reihe sinnlos zusammengewürfelter Punkte enthält. Dies wird auch noch mit der Konkurrenz verglichen, um zu sehen, welcher eine bessere Qualität bietet.

Google schaut auch auf die Lesbarkeit, also wie lang und kompliziert die Sätze sind, welche Grammatikformen benutzt wurden und Ähnliches. Auch hier hat ein redaktioneller Text aufgrund seiner mehrfachen Bearbeitung die Nase weit vorn.

Die Qualität des Textes wird für Google und Co immer wichtiger werden. Das liegt einfach an zwei Dingen. Erstens will Google Texte mit einer guten Qualität zuerst anzeigen, damit die Suchmaschine auch weiterhin einen hohen Marktanteil behält. Zweitens wurden mit allzu einfachen Algorithmen immer wieder Manipulationsversuche gestartet. Diese sind aber dann sinnlos, wenn die einzige Manipulation ein wirklich guter Text ist, denn dann ist der Wunsch von Google erfüllt worden.

Um diesen steigenden Anforderungen von Google und Co, die auch noch aufgrund der fortschreitenden Technologie die Sprache immer besser erkennen können, zu entsprechen, müssen einfach immer bessere Texte abgeliefert werden. Das bedeutet auch, dass am Ende niemand mehr um redaktionelle Texte herumkommen wird.

Worauf es noch ankommt

Die Hauptsache haben wir schon angesprochen. Es kommt auf den richtigen Inhalt an, der Mensch und Suchmaschine gleichermaßen gefällt. Das ist aber noch nicht alles. SEO ist sehr viel umfangreicher. Wer über den Text hinausgehen möchte, findet hier den Weg, den er gehen muss.

Alles fängt mit dem Keyword an. Dafür führt man zuerst sein eigenes Brainstorming durch. Welche Fachbegriffe beschreiben das eigene Unternehmen, Gewerbe oder wesentliche Teile der eigenen Arbeit? Welche Fachbegriffe benutzt vielleicht sogar die Konkurrenz?

Die Fachbegriffe, die man dann zusammengetragen hat, untersucht man hinsichtlich ihrer Eignung als Keywords. Das entscheidet sich danach, welchen Traffic sie bringen, welche Konkurrenz um diese Wörter besteht und welche Relevanz sie für das eigene Unternehmen haben.

Dann geht es weiter mit der Domain. Die eigene Webpräsenz braucht einen Namen, der sich leicht finden lässt und das gilt sowohl für die Menschen als auch die Suchmaschinen. Letztere wollen nämlich auch lieber eine gute Domain sehen. Die Adresse sollte also auf .de, .com, .net oder .org enden.

Wenn man einen Server für das Hosting aussucht, ist es wichtig, zu wissen, dass es für das SEO auch auf die Ladezeit ankommt. Anstatt also auf den billigsten Anbieter zurückzugreifen, sollte man lieber bei dem unterschreiben, der eine gute Ladezeit auch dann garantiert, wenn die eigene Seite eine Menge Besucher hat.

Eine Domain sollte man auch immer in seinem Heimatland hosten. Das sieht nicht nur für die menschlichen Nutzer seriöser aus, auch die Suchmaschinen bevorzugen eine in Deutschland gehostete Seite für eine Suchanfrage in Deutschland.

Wenn man zwei Domains hat und nur eine davon weiterentwickeln möchte, dann sollte man immer die ältere Domain auswählen. Hier gilt der Grundsatz von Google: Je älter eine Domain ist, desto besser muss sie sein.

Beim Aufbau der eigenen Seite sollte man auf eine einfache Struktur achten, die einleuchtend und leicht verständlich ist. Dazu kommen klar beschriftete Menüs, die einfach logisch sind. Auch dies kann Google nachverfolgen. Davon abgesehen hilft es auch dabei, die Besucher zur richtigen Unterseite zu bringen, und das schnell. Nicht vergessen, es gibt Hunderte andere Seiten da draußen. Wenn ein Besucher zu lange nach etwas suchen muss, dann verschwindet er schnell wieder und das „zu lange" bemisst sich nach Sekunden. Je einfacher und eindeutiger die Menüs sind, desto besser ist die Chance darauf, den jeweiligen Besucher länger zu halten, und ihn vielleicht sogar in einen Kunden zu verwandeln.

Wichtig ist im Rahmen der Übersichtlichkeit auch, den Auftritt nicht zu sehr zu verschachteln. Menüebenen mit zwei oder drei Leveln sind okay, mehr jedoch sollten vermieden werden, denn sonst verlieren die Besucher den Überblick und Google gibt dafür einen Punkteabzug.

Der Aufbau der Seite sollte jedoch nicht nur übersichtlich, sondern auch einheitlich gestaltet werden. Das bringt nicht nur ein gutes Ranking, auch die Besucher mögen es. Einheitlich bedeutet auch, dass die Texte immer auf die gleiche Seite gehören und die Bilder ebenso, zum Beispiel die Texte immer links und die Bilder immer rechts. Alle Unterseiten sollten diesem Prinzip folgen.

Neben einem Menü braucht eine Seite auch ordentliche Links. Das betrifft zu allererst die interne Verlinkung. Diese sollte aber nicht nur von den Menüs zu den Inhalten, sondern auch von den Inhalten zu anderen Inhalten gehen. Wenn man also in unserem Beispiel mit dem Onlineshop für Handtaschen über die richtige Handtasche im Sommer spricht, und ein vorheriger Text schon die passende Handtasche zur

Sommermode zum Thema hatte, dann sollte der neue Text auf den ersten Text verlinkt sein, und umgekehrt. Auch in den alten Text sollte man einen Link zum neuen Text einbauen. Die Inhalte sollten jedoch nicht einfach nur so verlinkt sein, sondern immer nur dann, wenn sie auch etwas miteinander zu tun haben. Anders ausgedrückt, die Verlinkung muss Sinn machen.

Eine Verlinkung ist besonders dann sinnvoll, wenn man eine Unterseite hervorheben oder deren Wirkung verstärken möchte. Dann können die Links in anderen Inhalten die Besucher auch zu der gewünschten Unterseite leiten.

Der Ankertext, also der Text, in welchem sich der Link befindet, sollte dabei besonders aussagekräftig sein. Dies gilt auch im Hinblick auf die Keywords, sodass viele Nutzer auf diesen Text gelangen und dort auch den Link anklicken. Ein Ankertext sollte jedoch nicht zu viele Links enthalten, denn sonst könnte Google dies als sinnlos ansehen und dann Punkte abziehen.

Links zu interessanten Quellen oder weiterführenden Inhalten auf anderen Webseiten, also nicht den eigenen, sind auch gut für Google. Man sollte jedoch ständig darauf achten, dass diese verlinkten Seiten auch existieren. Wurden sie inzwischen abgeschaltet, dann muss auch der eigene Link verschwinden, ansonsten wird man von Google mit einem Punktabzug bestraft.

Die URLs für die Haupt- und die Unterseiten sollten niemals aus irgendwelchen Zahlen- oder Buchstabenkombinationen bestehen. Sie sollten stattdessen Keywords enthalten. Weiterhin sollte die Seite bzw. jede über genau eine einzige URL aufrufbar sein. Sollten mehrere Keywords Verwendung finden, dann ist auf Unterstriche zu verzichten. Besser man verbindet die Worte mit Bindestrichen.

Werbung auf den eigenen Seiten scheint verlockend, um mit dem Traffic gleich noch ein wenig Geld anderweitig zu verdienen. Google mag

Werbung jedoch nicht, und sobald diese im Übermaß vorhanden ist, geht das Ranking nach unten. Am meisten hasst Google dabei die Pop-ups. Auf diese sollte man also komplett verzichten.

Dann sind da noch die Metas. Meta Titles sind die Überschriften, die man in dem Tab des Browsers findet. Hier sollte das Keyword der Name der Webseite oder des Unternehmens sein. Jede der Unterseite braucht ihren eigenen Titel, der wiederum das Unternehmen bzw. den Namen der Internetseite wiedergibt, sei es als Synonym oder in Verbindung mit anderen Wörtern.

Der Title sollte mehr als 30, inklusive der Spaces, und höchstens 65 Zeichen aufweisen. Dann ist er für Google genau im grünen Bereich. Der Titel einer Seite sollte nicht mit der H1-Zeile des darauf gezeigten Textes identisch sein.

Eine Meta Description gehört bei der Programmierung der Seiten und Unterseiten für jede Seite direkt an den Anfang. Dabei sollte jede Unterseite ihre eigene Beschreibung bekommen. Die Länge sollte dabei immer mehr als 70 und weniger als 156 Zeichen betragen.

Als Meta Keywords sollte man nur die Keywords verwenden, die auch mit dem Inhalt der jeweiligen Seite bzw. Unterseite übereinstimmen. Man sollte auch nicht mehr oder weniger als 5 bzw. 6 Keywords verwenden. Jede Seite bzw. Unterseite braucht ihre eigenen Meta Keywords. Niemals sollte man die Gleichen für mehr als eine Seite verwenden.

Für alle Texte gilt, dass sie ausreichender Länge vorliegen sollten. Dabei kann man sich auch an der Konkurrenz orientieren, doch die Faustregel ist ganz einfach. Je länger, desto besser. Lange Texte verheißen gute Inhalte. Ebenso bringen sie einen Leser dazu, länger zu verweilen, um damit das Zeitkriterium von 90 Sekunden zu erfüllen.

Die Sätze sollten nicht kompliziert sein. Ebenso ist es wichtig, dass keine oder so wenig wie möglich Rechtschreib- oder Grammatikfehler vorliegen. Hier lohnt sich in jedem Fall ein Check mit der Autokorrektur von Word.

Im Text sollten die Überschriften nicht nur so aussehen, sie sollten auch codiert sein. Jeder Texteditor gibt eine Möglichkeit dafür. Die Überschriften sind der wichtigste Platz für Keywords. Sie sollten außerdem nicht zu lang sein. Hier liegt die Grenze bei 70 Zeichen inklusive der Spaces.

Die Texte sollten mit Listen, Zwischenüberschriften und fett Gedrucktem aufgelockert sein. Wichtige Keywords gehören in jeden Fall in den ersten Absatz. Die Dichte der Keywords richtet sich nach der Situation der Konkurrenz.

Bilder sollten unbedingt in die Texte eingebunden werden. Dabei ist darauf zu achten, dass sie nicht zu groß sind, und das bezieht sich auf ihre Dateigröße. Je größer der Speicherplatz, desto länger dauert das Laden und das gibt einen Abzug bei Google. Bilder allein sind aber nicht genug. Sie brauchen einen Titel und auch eine kurze Beschreibung.

Auch die Verwendung anderer medialer Inhalte ist immer gut. Je mehr man davon hat, desto besser. Sie müssen natürlich auch einen Sinn ergeben, denn sonst verliert man seine Besucher, davon aber abgesehen, siegt hier klar die Masse und das gilt für alle Arten, seien es Podcasts, Videos oder was auch immer man finden kann.

Wichtig ist jedoch, dass man jede Mediendatei immer nur einmal verwendet. Wer also das gleiche Bild dreimal einbindet, hat sich damit keinen guten Dienst erwiesen. Google erkennt das als Manipulationsversuch, und schon hat man seinem Ranking einen Tritt verpasst.

Neben all den Inhalten ist es aber auch das Programmieren der Seite, das für das SEO von Bedeutung ist. Das beginnt schon mit der Ladezeit. Je kürzer es dauert, eine Seite zu laden, desto mehr freut sich Google.

Weiterhin sollte man bei der Programmierung darauf achten, dass alle Codes funktionieren. Das gilt vor allem dann, wenn man Updates durchgeführt hat. Überflüssige, tote Codes, sind nicht einfach nur ein unnützer Ballast. Sie verstimmen auch den Index von Google.

Ebenso sollte man nicht zu vielen Programmierern erlauben, sich auf der Seite auszutoben. Eine schlanke und funktionale Programmierung ist wichtiger, als eine Ansammlung von unnützen Kommandos. Das Gleiche gilt für die Programmiersprachen. Je weniger man verwendet, desto besser. Auf Flash sollte man dabei gleich ganz verzichten, ebenso auf Frames. Besonders wichtige Inhalte sollten sich nicht mit Flash oder JavaScript tarnen.

Ist die Webseite fertig, sollte sie auch bei Google und vorzugsweise auch noch bei Bing registriert sein. Ebenso sollte man keine Dateien oder Protokolle verwenden, die die Spiderprogramme der Suchmaschinen oder einen Eintrag in den Index ausschließen.

Die Sicherheit der Webseite ist ebenfalls ein Faktor für das Ranking und sollte daher ernst genommen werden. Google möchte niemanden auf eine Seite lenken, die ihn mit einem Virus empfängt. Daher sind regelmäßige Updates vorzunehmen, die Servereinstellungen auf Sicherheit auszulegen, sichere Passwörter und eine Verschlüsselung zu verwenden. Dazu kommen noch regelmäßige Back-ups, damit man abgesichert ist, wenn doch mal was schiefgeht.

Für die Links auf anderen Seiten kann man zwar normalerweise wenig, doch es gibt Wege, sie zu beeinflussen. Ein Weg ist es, Links auf Seiten zu bekommen, die ähnliche, also verwandte Themen behandeln. Links von Linkfarmen werden dagegen von Google erkannt und sind dort nicht gern gesehen. Sie bieten also keinen Mehrwert. Ebenso sollte die eigene Seite nicht von einer unseriösen Internetseite aus verlinkt werden. Wer von einem solchen Fall betroffen ist, kann jedoch Google kontaktieren und den betroffenen Link entfernen lassen.

Gut ist, wenn man mit der anderen Seite kooperieren kann. Dann ist es möglich, auch auf die Qualität des Ankertextes Einfluss zu nehmen. Ist dessen Qualität nämlich nicht zu hoch, dann leidet auch der Wert des Links.

SEO über Social Media ist zwar nicht schlecht, doch man sollte sich dabei nicht verzetteln. Anstatt also zu versuchen, in allen sozialen Netzwerken präsent zu sein, sollte man sich auf die beschränken, die von der eigenen Zielgruppe am meisten frequentiert werden und dem eigenen Unternehmen am meisten dienen. Wer also zum Beispiel jeden Tag eine Neuigkeit zu verbreiten hat, sollte sich dafür auf Twitter anmelden. Wer jedoch eine hoch professionelle Dienstleistung anbietet, dem ist mit LinkedIn am meisten gedient.

Die sozialen Netzwerke können zu einer bösen Falle werden. Dort muss man nämlich immer aktuell bleiben, ansonsten landet man sehr schnell im Abseits. Daher sollte man vorher entscheiden, ob der potenzielle Nutzen den Aufwand auch wirklich wert ist. Wenn man erst mal angefangen hat, lässt es sich schwer wieder aufhören.

Für einen guten Erfolg im Bereich SEO muss man auch feststellen, was man gemacht hat, was davon was gebracht hat, um dann zu entscheiden, was den Aufwand wert war und was eine weitere Investition erfordert, oder wo sie ein gutes Ergebnis verspricht. In anderen Worten, man muss ein Monitoring betreiben. Dafür hat Google auch ein Tool parat, die Google Analytics.

Die Google Analytics stellen fest, woher die Besucher kommen und was sie auf der eigenen Seite angestellt haben. Man kann sehen, auf welcher Seite sie eingestiegen sind, was sie sich angesehen haben und wo sie die Seite wieder verlassen haben. Weiterhin halten die Google Analytics die Conversion-Rate fest. Man kann also nachverfolgen, wie viele Besucher zu Kunden geworden sind. Außerdem erhält man eine Kontrolle über den sogenannten Verkaufstrichter, also dem Weg vom Nutzer zum Besucher zum Kunden.

Als Anfänger mag man sich angesichts dieser Aufzählung ein wenig überfordert fühlen. Keine Bange, das muss nicht sein. Keine der Aktionen aus dieser Liste muss zeitgleich mit einer anderen ausgeführt werden. Davon abgesehen ergibt sich das Ranking weit überwiegend aus den Inhalten der Webpräsenz, und darüber haben wir uns schon ausgelassen. Die andere Methode, die eigene Seite in der Trefferliste nach vorn zu bringen, sind die Links. Darauf gehen wir im nächsten Kapitel genauer ein.

Die Verlinkung

Links sind ein wichtiges SEO-Werkzeug. Externe Links zeigen, dass die eigene Seite von anderen gelesen und so sehr geschätzt wird, dass man sie sogar zitiert. Interne Links zeigen, dass man sich mit der eigenen Seite Gedanken gemacht hat, und sie für den Besucher einfach zu benutzen ist. Google und Co lieben daher die Links und geben für jeden, den sie finden können, einen kleinen Extrapunkt für das Ranking.

Einfach haben es die Leute, die in ihrem jeweiligen Gebiet Experten sind. Sie können sich mit anderen Fachleuten austauschen und mit ihnen gegenseitig verlinken. Damit hat man überall die gleiche Zielgruppe erreicht und man steht bei Google gut da. Das ist für Experten auf ihrem Gebiet kein Problem, denn sie bewegen sich in einem Umfeld mit den gleichen Themen, mit fachlich qualifizierten Inhalten auf ihren jeweiligen Webseiten, und vor allem sind die betroffenen Seiten nicht kommerziell. Für alle anderen, besonders für Anfänger, sieht die Sache jedoch ein wenig anders, ein wenig komplizierter, aus.

Wer seine Seite in einer anderen Seite verlinken will, hat oftmals keinen Einfluss auf die andere Seite. Besser jedoch ist es, wenn man den Betreiber der anderen Seite kennt oder sogar einen Gastbeitrag schreibt. Dann hat man die Kontrolle über den Inhalt, in welchem man seinen Link platzieren möchte. Ein schlecht eingebauter Link kann nämlich auch das Gegenteil dessen erreichen, was man eigentlich will.

Um es richtig zu machen, sollte der Link sich genau in dem Text auf der anderen Seite befinden. Es bringt nichts, ihn irgendwo im Footer zu verstecken, denn dann wird ihn niemand sehen und auch niemand anklicken.

Der Link sollte zu Textinhalten führen. Grafiken und Bilder sind auch manchmal okay, doch es sollte nicht immer nur zu dieser Art von Inhalten gehen. Nicht vergessen, das Wort ist für Google wichtiger als ein Bild.

Je weiter oben sich ein Link in dem Text auf der anderen Seite befindet, desto besser. Das suggeriert Wichtigkeit und Vertrauen beim Betreiber der anderen Seite. Gleichzeitig sollte sich der Link nicht dicht bei Worten wie „Reklame", „Werbung" oder „Sponsoren" befinden. Es ist jedoch gut, wenn das Wort „Quelle" nicht allzu weit von dem Link entfernt, auftaucht.

Wird mehr als ein Link platziert, dann sollte dieser nicht identisch sein. Die Links sollten zu verschiedenen Zielen auf verschiedenen Unterseiten führen. Der Abwechslungsreichtum wird von Google gern gesehen, und die Leute landen so auf verschiedenen Seiten innerhalb der eigenen Hauptseite und idealerweise genau dort, wo sie eigentlich sein wollen. Dann sehen sie sich länger um, und die Chance auf eine Conversion steigt ebenso, wie das Ranking bei Google und Co.

Der Ankertext, also die Wörter, in denen man die Links einbettet, sollten aussagekräftig sein. Wenn wir also unser Beispiel, den Onlineshop für Handtaschen, verlinken wollen, bauen wir den Link in das Wort „Handtaschen", nicht in „Hier ist die Webseite". Die Ankertexte sollten dabei manchmal aus einem Wort und auch aus mehreren Worten bestehen. Es ist gut, wenn sich darin auch hin und wieder ein Keyword befindet, doch auch das sollte nicht übertrieben werden. Wichtig ist aber, dass die Texte nicht immer gleich sind.

Will man seine Links in anderen Seiten platzieren, dann beginnt alles mit einer Recherche. Wir erinnern uns, am Anfang stand das Keyword. Wir haben nun Keywords für unsere Seite, und genau die nehmen wir zur Hand. Wir suchen nach anderen Seiten, indem wir diese Keywords benutzen. Sollte ein Keyword jedoch einmal zu speziell sein, können wir eine generelle Version davon benutzen. Wer also mit „Handtaschen online kaufen" keinen großen Erfolg hat, geht die Sache mit „Handtaschen" oder „Handtaschen kaufen" an. Wer es ganz einfach machen will, hängt noch das Wort „Links" oder „nützliche Links" an. Das sieht dann so aus: „Handtaschen kaufen nützliche Links". Dann bekommt man Internetseiten, wo sich das Platzieren der Links zur eigenen Seite lohnt.

Wenn man eine Seite gefunden hat, die dem eigenen Themenkreis entspricht, muss man noch den Betreiber der Seite überzeugen. Eine Variante ist, nach kaputten Links bzw. Weiterleitungen, den „404"- und „301"-Seiten zu suchen. Nun will man nicht unbedingt jeden Link per Hand checken, doch dafür gibt es das Tool „Check my Links" für Google Chrome und „Link Checker" für Firefox. Hat man solche problematischen Links gefunden, ist die Chance gut, dass man den Betreiber von sich überzeugen kann. Solche kaputten Links sind nämlich eine SEO-Belastung für jede Webseite, sie verringern das Ranking. Will man sie jedoch loswerden, muss man neue Links finden, um sie zu ersetzen. Hier kann man dem Betreiber mitteilen, dass man solch kaputten Links gefunden hat und dann Links zur eigenen Seite anbieten, um die kaputten Links zu ersetzen.

Kaputte Links sind nicht immer in Texte eingebettet, die zur eigenen Seite passen. Daher muss man dem Betreiber der anderen Seite auch die passenden Inhalte bieten, damit es sich für ihn lohnt, die kaputten Links zu entfernen, und die eigenen Links samt den neuen Inhalten dafür einzusetzen.

Hat man Seiten gefunden, auf denen man theoretisch einen Link platzieren könnte, dann muss man jedoch auch eine Auswahl treffen. Auch hier gilt Qualität vor Quantität. Die Seite, auf der man seinen Link einfügen will, sollte selbst zuerst ein gutes Ranking haben. Dann hat der Link weit mehr Aussagekraft. Sie muss außerdem einen Inhalt haben, der nicht nur zur eigenen Seite passt, sondern auch insgesamt überzeugend ist. Dazu kommt ein gelungenes Design. Weiterhin sollte die andere Seite nicht schon mit Links überfrachtet sein. Vor allem jedoch sollten sich dort nicht zu viele tote Links herumtreiben. Schlechtes Design, schlechte Inhalte, viele tote Links, all das zieht auch das Ranking der eigenen Seite nach unten, wenn man einen Link dort platziert.

Die Seite muss gepflegt sein. Das ist besonders dann immer ein Problem, wenn man einen toten Link ersetzen will. Findet man nämlich einen solchen, dann ist das ein Indiz dafür, dass die Pflege der Seite nicht so gut ist, dass sie dem Betreiber vielleicht sogar schlicht egal oder er mit ihrer Pflege überfordert ist.

Für eine Kontaktaufnahme mit dem Betreiber der anderen Seite braucht man zuerst die Kontaktdaten. Am besten ist eine Telefonnummer, eine personalisierte E-Mail, also kein info@.... oder dergleichen. Ebenso sollte man bei der eigenen Kontaktaufnahme nicht mit einer unterdrückten Telefonnummer anrufen und auch keine unpersönliche E-Mail verwenden.

Schreibt man dem Betreiber, dann sollte man damit beginnen, ein Interesse an seiner Seite zu bekunden. Als Nächstes weist man ihn auf die kaputten Links hin, die dort existieren, und schlägt vor, einen eigenen Inhalt nebst Link zu senden. Den vorgeschlagenen Inhalt und Link fügt man jedoch nicht in die erste Mail mit ein, denn man kann nicht wissen, ob der andere daran interessiert ist, und man hat eine gute Chance, dank des eingebauten Links, direkt im Spamordner zu landen.

Wichtig ist bei der Kontaktaufnahme, dass man weder zu aufdringlich ist, noch, dass man einfach ein paar Links als Paket anbietet und den eigenen Link darin versteckt. Besser ist es, ehrlich und nett, wie bei einem normalen Gespräch, aufzutreten. Dann klappt es auch mit der Kommunikation.

Neben den Links zu anderen, also nicht der eigenen Seite, sind es auch die Links innerhalb der eigenen Webpräsenz, die Pluspunkte bei Google und Co bringen. Das hilft nicht nur dabei, Google zu überzeugen. Es hält auch die Besucher länger auf der eigenen Seite, denn sie können von einem Inhalt gleich zu einem weiteren relevanten Inhalt wechseln. Je länger man sie auf der eigenen Seite hält, desto mehr Pluspunkte gibt es bei Google und desto wahrscheinlicher ist eine Conversion.

Eine interne Verlinkung ist ein dezenter Mehrwert für den Besucher. Man kennt das von sich selbst, man will einfach nicht die gesamte Seite durchsuchen. Hat man aber was Interessantes gefunden, ist man glücklich, wenn man das Thema über einen Link zu weiterführenden Inhalten vertiefen kann.

Interne Links können zum Beispiel in einem Blog verhindern, dass die Beiträge einfach so im Archiv versauern. Gleichzeitig kann man so den Fluss der Besucher steuern und zum Beispiel genau dorthin lenken, wo es was zu kaufen gibt, oder auf die Unterseiten bringen, die sonst nicht so oft besucht werden.

Interne Links, die von der Startseite auf Unterseiten verweisen, haben die stärkste Wirkung. Darum sollte man dort direkt Texte einbauen und Links zu allen anderen Texten, die darauf aufbauen oder diese untermauern, setzen.

Natürlich kann man interne Links auch auf Unterseiten verwenden. Hier gilt aber, je weiter man sich von der Startseite entfernt, desto geringer ist die Wirkungskraft. Will man also eine bestimmte Unterseite pushen, dann sollte dies über einen Link auf der Startseite geschehen.

Interne Links sollten auch immer dem Ziel der Webseite dienen. Will man also etwas verkaufen oder eine Dienstleistung an den Mann bringen, dann sollten interne Links bei der Entscheidung zum Kauf einen Einfluss haben, indem sie mehr Argumente bieten oder den Kauf befördern, indem sie zum Produkt oder der Dienstleistung führen.

Theoretisch kann man so viele interne Links setzen, wie man möchte. Google gibt für eine hohe Anzahl keinen Punkteabzug. Dennoch sollte man sie nicht grenzenlos verwenden. Sie müssen Sinn machen und sie dürfen nicht so zahlreich sein, dass sie den Besucher damit verwirren. Daher gilt auch hier Qualität vor Quantität.

Tipps und Tricks

Google ist mit einem Marktanteil von 90 % die wichtigste Suchmaschine in Deutschland und SEO richtet sich dadurch ganz natürlich an dieser Suchmaschine aus. In ihr werden die verschiedenen Seiten, die die Spider gefunden haben, auf einem Index registriert und nach einem Algorithmus hinsichtlich ihrer Qualität bewertet. Dieser Algorithmus umfasst 200 verschiedene Faktoren, welche geheim gehalten werden. Aufgrund von Beobachtungen können jedoch Rückschlüsse darauf geschlossen werden, welche Faktoren in die Bewertung einfließen und welche dabei mehr und welche weniger wichtig sind. Hier sind ein paar wichtige Tipps und Tricks, die es gerade für einen Anfänger einfach verständlich leichter machen, die Bewertung der eigenen Seite zu verbessern.

Eine eigene Domain braucht ein Hosting. Hier kann man zum Beispiel seinen Blog auf Blog.de starten. Das ist jedoch nicht zu empfehlen, denn Google sieht dies als fehlendes Vertrauen in sich selbst. Wer keinen eigenen Webspace mietet, sondern sich bei solchen Dienstleistern seine Webseite einrichtet, der gibt wahrscheinlicher wieder auf. Daher werden solche Seiten weniger gut bewertet. Um also das Ranking zu verbessern, muss man direkt mit seinem eigenen Speicherplatz seine eigene Domain, zum Beispiel über Strato, einrichten. Dann meint man es wirklich ernst und dann ist Google zufrieden.

Google achtet besonders auf den Inhalt. Dieser muss gut organisiert sein und einen Mehrwert bieten. Das schlägt sich schon darin nieder, dass die einzelnen Inhalte sich immer nur um ein Thema drehen. Themen sollten also nicht gemischt behandelt werden, sondern gehören jeweils in einen eigenen Text. Dazu gehören auch noch Bilder und Videos, um den beschriebenen Inhalt anschaulicher zu machen. Weiterhin sollten die Leser eine Chance haben, den Inhalt zu teilen oder ihrerseits zu verlinken. Wann immer dies geschieht, steigt das Ranking bei Google.

SEO für seine eigene Seite kann man auch direkt bei Google lernen. Dort gibt es Beschreibungen darüber, was Google mag und wie man die Seite gestalten kann. Dies alles gibt es nicht nur in Textform, sondern auch als Video. Es lohnt sich, dort einmal hereinzuschauen und noch die eine oder andere Idee zu finden.

Um die eigene Seite bekannt zu machen, lohnt es sich, auch in Foren aktiv zu werden. Das hilft aber nicht nur dabei, Nutzer über das Bestehen der eigenen Webpräsenz zu informieren und sie zu einem Besuch zu animieren. Die Foren erlauben es auch meistens, dass man ein eigenes Profil anlegt und man in diesem Profil auch die Adresse der eigenen Seite eintragen kann. Das ist schon einmal ein externer Link. Wenn man dann noch gute Beiträge schreibt und auch darin Links einbaut, wird das Ganze noch wirksamer. Wichtig ist es jedoch, es mit den Links nicht zu übertreiben. Dann wird es nämlich bei Google mit einem negativen Punkt bewertet. Gerade Spamming sollte man unbedingt vermeiden. Das vergrault nicht nur die Leute, das verstimmt auch die Suchmaschinen. Besser, als ständig neue Beiträge in einem Forum, schreibt man gleich in mehreren Foren, doch in jedem jeweils nur wenige Beiträge pro Monat.

Die eigene Seite sollte man auch in verschiedenen Verzeichnissen eintragen, zum Beispiel Yelp, Yasni oder Xing. Mit ein wenig Recherche wird man so leicht mehr als 30 Einträge vornehmen können, die dann doppelt wirken. Sie sind für Google ein externer Link und sorgen für ein besseres Ranking und sie machen die Seite bei den Nutzern bekannt. Hier sollte man ruhig ein wenig Zeit mitbringen, denn es gibt viele Verzeichnisse, und davon beschränken sich wiederum viele nur auf bestimmte Themengebiete. Die Verzeichnisse wollen gefunden und ein Eintrag will erst mal vorgenommen sein.

Für die eigene Seite sollte man eine Sitemap erstellen. Dafür gibt es bei WordPress und Joomla die entsprechenden Plug-ins. Die Sitemap wird dann von Google übernommen. Dann wird nicht nur die eigene Seite mit Unterseiten als Treffer angegeben, Google erfährt es auch sofort, wenn ein neuer Beitrag veröffentlicht wurde. Die Seite ist also hochaktuell und wird dann mit seinen neuen Beiträgen immer gleich hervorgehoben.

Die sozialen Netzwerke können sehr anstrengend sein, denn man muss seine Seiten bzw. Profile immer auf dem neuesten Stand halten, auf Anfragen reagieren und sich auch noch bei Gruppen anmelden. Diese Arbeit macht jedoch dann Sinn, wenn man die sozialen Netzwerke benutzt, die der eigenen Zielgruppe entsprechen. Dann können jedoch derartige Seiten und Profile eine Menge Traffic auf die eigenen Seiten bringen. Das erfordert jedoch auch, dass man immer am Ball bleibt, Ratschläge gibt, Beiträge schreibt und einfach mit seinen Aktivitäten auf sich aufmerksam macht. Das ist eine Möglichkeit, eine regelrechte Community aufzubauen. Das erfordert eine Investition in Zeit, heute, doch diese kann sich morgen dann auszahlen.

Ein weiterer Tipp ist es, ständig neue SEO Blogs zu lesen. Es kommen nämlich fast täglich neue Informationen über Google und seinen Algorithmus heraus. Außerdem führt Google selbst immer wieder Updates an dem Algorithmus aus. Um auf dem neuesten Stand zu bleiben und auf Veränderungen reagieren zu können, muss man diese Entwicklungen ganz einfach verfolgen.

Die häufigsten Fehler

Anfänger machen häufig Fehler. Das gilt im Bereich SEO ebenso, wie in jedem anderen Bereich des Lebens. Es gibt jedoch dabei etwas Gutes. Die meisten Anfänger machen nämlich immer die gleichen Fehler. Hier haben wir diese Fehler zusammengetragen, damit man aus ihnen lernen kann und sie nicht erst zu wiederholen braucht. Damit kann man dann gleich mit viel mehr Erfolg loslegen.

Ein beliebter Fehler ist die Gießkannenmethode. Anstatt einer Domain werden gleich mehrere gekauft. Die Idee ist dabei simpel. Man betreibt mehrere Domains, sodass eine davon gefunden bzw. von Google weit genug vorn angezeigt wird. Das klingt auch logisch, doch das echte Problem startet sofort danach. Wer mehrere Domains betreibt, hat bestimmt weder die Zeit noch das Geld, sie alle mit ihren eigenen, einzigartigen Inhalten auszustatten. Stattdessen wird der gleiche Inhalt auf allen Seiten angezeigt. Das Problem ist jedoch, dass Google das erstens bemerkt, und zweitens nicht mag. Google weiß nicht, welche Domain es höher bewerten soll und schlimmer noch, Google geht davon aus, dass der Inhalt von einer Domain schlicht abgeschrieben wurde, und das wird bestraft. Anders ausgedrückt, mehrere gleiche Domains sind ein guter Weg, keine davon mit einem guten Ranking zu bekommen.

Es gibt jedoch eine Lösung für mehrere Domains, die ganz einfach ist, doppelte Arbeit verhindert und dem Ranking keinen Schaden zufügt. Dies geht per 301-Weiterleitung. Das klingt jetzt kompliziert, doch die Weiterleitung ist nicht schwer. Die meisten Webspace-Anbieter bieten diesen Service gleich mit an. Man kann also einen Webspace für mehrere Adressen mieten. Dann erklärt man gegenüber dem Serverdienstleister, welche die Hauptdomain ist, und bittet um eine 301-Weiterleitung für die anderen Domains. Die Weiterleitung muss als offene Weiterleitung geschehen, damit die Nutzer dann die Änderung in ihrem Browser sehen können. Dann ist das Problem gelöst und Google ist zufrieden.

Viele Anfänger wissen, dass externe Links ihrer Seite beim Ranking helfen. Sie wissen jedoch nicht, dass es dabei eher auf Qualität denn Quantität ankommt. Sie kaufen sich Links in sogenannten Linkfarmen. Google erkennt das jedoch. Wenn solche Links also in einer Linkfarm oder einer Seite ohne echten Inhalt auftauchen, dann wird der Link herabgestuft und kann sogar das Ranking der ganzen Seite negativ beeinflussen.

Besser ist es, die Links zur eigenen Seite in Internetverzeichnissen aufzunehmen. Dafür sollten aber nur seriöse Seiten, zum Beispiel die „Gelben Seiten", benutzt werden. Die Verzeichnisse können sowohl auf die eigene Branche spezialisiert oder branchenübergreifend gestaltet sein. Dazu kommen lokale Verzeichnisse. Ebenso sollte man die Leute kontaktieren, die ähnlich gelagerte Inhalte auf ihren Seiten haben. Dann kann man sich gegenseitig helfen.

Keywords sind ein weiteres Gebiet, auf dem gern Fehler gemacht werden. Hier ist das häufigste Problem, dass die Seiten mit Keywords geradezu vollgepflastert werden. Das Problem ist, dass Google das erkennt und nicht mag. Es ist also besser, sich auf ein Hauptkeyword und dann einige Kombinationen damit zu beschränken.

Google strebt danach, die genauen Inhalte herauszufinden. Werden nun mit Keywords vollgestopfte Seiten angezeigt, ergeben sie keinen Sinn mehr. Das wird dann entsprechend mit einem schlechten Ranking bestraft.

Heute ist SEO einfacher als noch vor einiger Zeit. Das liegt daran, dass der Algorithmus von Google immer besser wird. Heute kann er schon fast den ganzen Text verstehen. Das ermöglicht es dem Einzelnen, anstatt schwerer Regeln zu folgen, sich einfach auf eine gute Seite mit einem guten Design und guten Inhalten zu konzentrieren. Der Rest kommt dann schon von allein.

Die Abkürzungen

Die Welt des SEO ist auch eine Welt der Fachbegriffe und Abkürzungen. Wenn man sich nun dort ein wenig umschauen oder sich mit Fachleuten austauschen möchte, muss man wissen, was diese Abkürzungen bedeuten. Darum haben wir hier die Wichtigsten zusammengetragen.

SEO

Beginnen wir mit der geläufigsten Abkürzung, dem SEO. Dahinter verbirgt sich das englische Search Engine Optimization. Das bedeutet übersetzt die Suchmaschinenoptimierung. Dabei geht es darum, die eigene Seite mit ihrem Aufbau und ihren Inhalten so darzustellen, dass sie den Vorgaben von Google entspricht. Google ist ein Unternehmen und steht in Konkurrenz mit anderen Suchmaschinen. Um seinen Marktanteil halten zu können, muss Google nun sichergehen, dass seine Benutzer nur gute Ergebnisse bekommen. Darum hat das Unternehmen einen Algorithmus entwickelt, mit dem die Suchmaschinen bewertet werden. Diese Bewertung schlägt sich dann in dem Ranking der Seiten nieder, die in einer Trefferliste angezeigt werden. Um nun mit seiner eigenen Seite einen guten Platz zu erwischen, muss man diesen Algorithmus entsprechen und all das tun, was Google gefällt, also seine Seite für die Suchmaschine optimieren.

SMO

SMO steht für das deutsche Wort Suchmaschinenoptimierung. Es stellt den verzweifelten Versuch dar, die weitere Benutzung von englischen Begriffen hinsichtlich Computer und Marketing in Deutschland aufzuhalten und stattdessen hier deutsche Wörter zu verwenden. Der Versuch ist gescheitert, und niemand benutzt SMO. Wir haben es dennoch hier aufgenommen, falls man unter irgendwelchen unwahrscheinlichen Umständen doch einmal über dieses Kürzel stolpern sollte.

SEA

SEA ist natürlich Englisch und bedeutet Search Engine Advertisement, zu Deutsch Suchmaschinenwerbung. Gemeint ist mit diesem Kürzel das Schalten von Anzeigen in einem Suchergebnis. Diese Anzeigen werden gewöhnlich über AdWords erstellt und als Anzeige kenntlich gemacht. Sie stellen die ersten 4 Treffer einer Trefferliste in Google dar. Früher befanden sie sich auf der rechten Seite, doch das wurde in einem Update geändert.

SEM

Auch SEM ist wieder englisch und bedeutet Search Engine Marketing, also das Suchmaschinenmarketing. Gemeint ist damit die Strategie, die eigene Webseite in einer Suchmaschine zu vermarkten. Dabei wird eine Mischung aus SEA und SEO eingesetzt. SEA kostet direkt für das Schalten der Anzeige Geld und bringt schnelle Ergebnisse. SEO kostet kein Geld für das Einstellen, doch die Ergebnisse zeigen sich erst langsam und nach einiger Zeit.

SERP

SERP ist auch wieder ein englisches Kürzel und steht für Search Engine Result Page(s). Zu Deutsch bedeutet dies die Suchmaschinenergebnisseite. Gemeint ist die Trefferliste, die auf eine Suchanfrage hin, ausgegeben wird. Auf der ersten Seite werden 10 Treffer angezeigt und diese bekommen die meisten Klicks. Die zweite Seite wird nur noch sehr selten aufgerufen. Alle Seiten danach gehen leer aus.

CTR

CTR steht für Click through Rate. Das wird ziemlich frei mit Klickrate übersetzt. Damit ist der Prozentsatz der Nutzer gemeint, die auch tatsächlich auf den eigenen Link klicken. Schauen sich zum Beispiel 100 Leute die eigene Anzeige an und 10 klicken auf den Link, dann beträgt die CTR 10 %. Übrigens ist 10 % eine sehr hohe Rate. In der Realität liegt sie weit darunter.

CPC

CPC steht für Cost per click, den Kosten pro Klick. Hier geht es um Werbung, genauer gesagt, wenn man ein Banner schaltet und dabei nach Anzahl der Klicks bezahlt.

CPA

CPA bedeutet im Englischen Cost per Action und im Deutschen Kosten Pro Aktion oder Handlung. Dieser Wert bekommt dann eine Bedeutung, wenn eine bestimmte Handlung vorgenommen werden muss, für die man dann bezahlt. Das kann zum Beispiel ein Download sein, den man auf seiner Seite bereitstellt und für den man dann, wann immer er ausgeführt wird, ein paar Cent bekommt.

PPC

PPC steht für Pay per click und bedeutet in Deutsch die Bezahlung pro Klick. Das ist dann das Gegenstück zum CPC. Man bezahlt also einem Werbetreibenden für jeden Klick auf ein Werbebanner einen kleinen Betrag.

Wir haben uns in diesem Buch bemüht, derartige Abkürzungen und verschiedene Fachbegriffe zu vermeiden. Doch wer sich etwas weiter zu dem Thema befassen möchte, wird nicht umhinkommen, diese Kürzel kennen zu müssen.

Fazit

SEO ist das Optimieren der eigenen Webpräsenz, um sie in Google und den anderen Suchmaschinen ganz nach vorn zu bringen. Das ist besonders deswegen wichtig, damit man in der riesigen Datenmenge des Internets überhaupt wahrgenommen wird.

Gleichzeitig ist SEO der Spagat zwischen den Anforderungen von Google und Co und dem, was die Leser sehen wollen. Die Suchmaschinen können die Links zu den Leuten bringen, doch die Inhalte bringen die Leute zum Klicken und halten sie auf der eigenen Seite.

SEO macht Sinn, doch das stimmt nur dann, wenn bestimmte Voraussetzungen erfüllt werden. SEO hat dem Ziel des Unternehmens zu folgen. Dementsprechend ist es nicht genug, nur irgendwelche Nutzer auf die eigenen Webseiten zu locken. Das wäre sogar kontraproduktiv. Wenn ein Nutzer auf die eigene Seite gelangt, doch dort nichts Interessantes findet, verlässt er sie sofort wieder. Google sieht dies und gibt der eigenen Seite ein schlechteres Ranking. Besser ist es, gute Inhalte zu liefern und vernünftige, dazu passende Keywords, zu finden. Dann bleiben die Besucher länger auf der Seite und schon geht die Position in der Trefferliste nach vorn. Das ist jedoch nicht alles, denn, wie gesagt, SEO wird nicht um des SEO-Willens durchgeführt. Die eigene Internetseite verfolgt einen Zweck. SEO ist dann sinnvoll, wenn der Zweck erfüllt wird. Wenn also der Zweck der Verkauf von Handtaschen in einem Onlineshop ist, dann ist des SEO sinnvoll, wenn Nutzer auf die Seite gebracht werden, die ein Interesse daran haben, eine Handtasche zu kaufen.

SEO sollte vor allem von kleinen und mittelständischen Unternehmen betrieben werden. In diesem Bereich ist die Konkurrenz noch recht klein, sodass man mit einfachen Mitteln relativ schnell viel erreichen kann. Aber auch dann, wenn die Konkurrenz zahlreicher ist, sollte man SEO nicht einfach so übergehen. Es lässt sich mit dem Marketing vereinen und es bringt vor allem nachhaltige Effekte. Man kommt also nicht über Nacht auf den ersten Platz, doch, wenn man ihn erreicht hat, verliert man ihn auch nicht so einfach über Nacht wieder.

SEO beginnt mit den richtigen Keywords. Hier muss man im Rahmen eines Brainstormings all die Wörter finden, die dem eigenen Unternehmen bzw. dessen Angebot entsprechen. Dann schaut man, welche Keywords dann den meisten Traffic bringen. Doch hier sollte man nicht einfach auf Masse setzen. Zuerst zählt die Qualität. Von den qualitativ hochwertigen Keywords nimmt man also das, welches mehr Masse bringt. Schlussendlich sollte man die Keywords vermeiden, die hart umkämpft sind. Hier kann man auch noch mit einem großen Aufwand leer ausgehen. Darum vermeidet man diese Probleme, indem man sich mit anderen Keywords und einem kleineren, dafür aber qualitativ hochwertigen, Volumen zufriedengibt.

Die Inhalte sind das Wichtigste im Bereich des SEO. Sie sind das, was Google am einfachsten analysieren kann. Das gilt besonders im Hinblick auf Texte. Daher sollte man diese besonders gut aufbereiten. Ein Text sollte sich um ein Hauptkeyword drehen. Er sollte ruhig länger sein und aus guten Informationen bestehen. Dann freuen sich auch die Leser. Will man mehr als ein Hauptkeyword verwenden, sollte man lieber zwei oder mehr Texte schreiben.

Redaktionelle Texte werden weiter an Bedeutung gewinnen. Das liegt an der Qualität der Inhalte und der korrekten Rechtschreibung und Grammatik. Google wird immer intelligenter und schaut immer mehr auf die Qualität der Inhalte. Daher kann man mit einem redaktionellen Text viel mehr Gutes erreichen, als mit vielen, nur so dahin geschleuderten, Artikeln. Das Ergebnis sollte die Mühe wert sein.

Texte allein sind jedoch nicht alles. Dazu muss man auch gute Bilder, Videos und andere Mediendateien einbinden. Dann überzeugt man mit der gesamten Zusammensetzung. Ebenso muss die eigene Internetseite ein gutes Design, eine schnelle Ladezeit und eine gute interne Verlinkung aufweisen. Damit nicht genug muss man auch Links auf anderen Seiten unterbringen. Das bedeutet auch, dass man sich mit den Betreibern in Verbindung setzen sollte, um dies zu besprechen. Linkfarmen, themenfremde oder sogar unseriöse Seiten sollten dabei jedoch strikt vermieden werden. Diese würden dem eigenen Auftritt nur schaden.

Jetzt muss man sich nur noch ein paar Tricks und die Fehler anderer anschauen und schon hat man einen Weg, der zum Erfolg im Rahmen des SEO führt. Eine kleine Checkliste ist auch noch angebracht und dann ist es wichtig, dass man die einzelnen Punkte nach und nach angeht. So behält man auch als Anfänger den Überblick. Das ist das Gute im SEO. Nichts geschieht schnell und alles kann verbessert werden. So kann man die Optimierung der eigenen Seite langsam vorantreiben und auf dem Weg dazu immer mehr Erfahrung sammeln.

Impressum

Digital Academy wird vertreten durch:

Instyle Supply and Control Limited

20th Floor, Central Tower, 28

Queen's Road, Central, HK

Coverbilder

[creativelog] | [Fiverr]

Haftung für externe Links

Das Buch enthält Links zu externen Webseiten Dritter, auf deren Inhalt der Autor keinen Einfluss hat. Deshalb kann für die Inhalte externer Inhalte keine Gewähr übernommen werden. Für die Inhalte der verlinkten Webseiten ist der jeweilige Anbieter oder Betreiber der Webseite verantwortlich. Die verlinkten Seiten wurden zum Zeitpunkt der Verlinkung auf mögliche Rechtsverstöße überprüft. Rechtswidrige Inhalte waren zum Zeitpunkt der Verlinkung nicht erkennbar. Eine permanente inhaltliche Kontrolle der verlinkten Webseiten ist jedoch ohne konkrete Anhaltspunkte einer Rechtsverletzung nicht zumutbar. Bei Bekanntwerden von Rechtsverletzungen werden derartige Links umgehend entfernt.